ゼータへの招待

黒川信重 *Kurokawa Nobushige* **小山信也** *Koyama Shin-ya*［著］

シリーズ ゼータの現在

日本評論社

はじめに

　ゼータは現代数学でなくてはならない重要なものである．また，フェルマー予想や佐藤–テイト予想などの解決に必要不可欠なものとなっていて，役に立つものでもある．

　本書は，現代的ゼータの世界への案内書である．とかく，ゼータ関数は難しいものと思われがちであるが，ここでは，具体的ないろいろなゼータ関数を取り上げて解説する．各ゼータ関数については本シリーズへの入門も与えるようにしている．そのため，本書では，ざっと見ることを優先し，詳細にはあまり立ち入らないようにした．

　本書によって，ゼータの世界の風景を概観してほしい．その後に，本格的なゼータ世界の探検に乗り出すことを期待する．

2018 年 1 月 2 日　　黒川信重・小山信也

目次　　はじめに　i

第1章　ゼータ関数とは　1

1.1　オイラー積　1
1.2　特殊値表示　2
1.3　関数等式　2
1.4　リーマン予想　4
1.5　ゼータ関数の一致　5
1.6　ゼータ関数とは　5

第2章　オイラーのゼータ関数　7

2.1　特殊値表示(I)　7
2.2　オイラー積　10
2.3　特殊値表示(II)　11
2.4　関数等式　14
2.5　積分表示　14
2.6　$\zeta(3)$の表示　14
2.7　素数分布　15
2.8　絶対ゼータ関数　16

第3章　リーマンのゼータ関数　19

3.1　解析接続と特殊値　19
3.2　関数等式　22
3.3　$\zeta(2n)$の表示　25
3.4　リーマンの素数公式　25
3.5　リーマン予想　27

第4章 合同ゼータ関数　29

4.1　合同ゼータ関数の起源：環から　29
4.2　一般の合同ゼータ関数　34
4.3　自己同型のゼータ関数　39
4.4　合同ゼータ関数の行列式表示　46
4.5　合同ゼータ関数のリーマン予想　47
4.6　絶対ゼータ関数　48
4.7　環と空間　55

第5章 ハッセ・ゼータ関数　65

5.1　ハッセ・ゼータ関数　65
5.2　ハッセ・ゼータ関数の簡単な例　68
5.3　ガンマ因子　69
5.4　ガンマ因子の有理性　71

第6章 ガロア表現のゼータ関数　77

6.1　ガロア群の$\mathbb{C}$上の表現のゼータ関数　77
6.2　密度定理　78
6.3　ディリクレL関数　80
6.4　l進ガロア表現のゼータ関数　80

第7章 保型形式のゼータ関数　83

7.1　マース・カスプ形式　84
7.2　解析接続と関数等式　89
7.3　ヘッケ作用素とオイラー積　94
7.4　正則保型形式　99
7.5　ラマヌジャン予想　101

第8章 セルバーグ・ゼータ関数　105

8.1　セルバーグ・ゼータ関数の定義　105
8.2　セルバーグ跡公式（コンパクト・リーマン面）　107
8.3　解析接続と関数等式　113
8.4　非コンパクトな場合　118

第9章 p進ゼータ関数　127

9.1　p進数　127
9.2　クンマー合同式　128
9.3　p進L関数　129
9.4　ガロア群の完備群環　135
9.5　岩澤主予想とL関数の行列式表示　143

第10章 ゼータ関数の統一　147

10.1　ラングランズ予想　147
10.2　ラングランズ予想の実例　149
10.3　ラングランズ予想の研究　153
10.4　佐藤-テイト予想の証明　154
10.5　ラングランズ予想の変種　156
10.6　セルバーグ・ゼータ関数との統一　157
10.7　絶対ゼータ関数からの統一　158
10.8　統一論　160

付録　整数と多項式の類似　161
索引　166

第1章

ゼータ関数とは

　ゼータ関数は数論の研究に起源をもつ関数である．ゼータ関数については，18世紀のオイラー（1707 – 1783）が独立で重要な性質を発見して，19世紀になってリーマン（1826 – 1866）がオイラーの研究を引き継いだ．

　その後，20世紀に数多くの成果が得られて，現在では数学のいたるところに無数のゼータ関数が存在すると言えるまでになっている．

　一説に，「物理学は分配関数（状態和）の計算であり，数学はゼータ関数の計算である」と言われているが，本質をついている．

　ゼータ入門への導入部となる本章では，

$$\zeta(s) = \sum_{n=1}^{\infty} n^{-s}$$

という基本的なゼータ関数の場合を中心にして，通常のゼータ関数の持つ3つの性質「オイラー積・特殊値表示・関数等式」について簡単に解説したあと，ゼータ関数に関する重要な2つの問題「リーマン予想・ゼータ関数の一致」について触れる．

1.1 オイラー積

　$\zeta(s)$ の場合のオイラー積とは

$$\zeta(s) = \prod_{p: 素数} \zeta_p(s),$$

$$\zeta_p(s) = (1 - p^{-s})^{-1}$$

という素数の積に関する分解表示のことである．具体的に書けば

$$1 + 2^{-s} + 3^{-s} + 4^{-s} + 5^{-s} + 6^{-s} + 7^{-s} + \cdots$$
$$= (1 - 2^{-s})^{-1}(1 - 3^{-s})^{-1}(1 - 5^{-s})^{-1} \times \cdots$$

というものである．証明については第 2 章を見られたい．要点は，自然数が一意的に素因数分解可能という事実である．

これを，オイラー積から見れば，ゼータ関数とは素数ごとのゼータ関数をすべての素数にわたって掛け合わせたもの，と言える．本書の後の章になるほど，オイラー積の形からゼータ関数が構成されることになる．たとえば，一般のハッセ・ゼータ関数やセルバーグ・ゼータ関数にはオイラー積にあたるものはあっても $\zeta(s)$ の場合の表示

$$\zeta(s) = \sum_{n=1}^{\infty} n^{-s}$$

にあたるものは無い．

1.2 特殊値表示

特殊値表示とは

$$1 + \frac{1}{2^2} + \frac{1}{3^2} + \frac{1}{4^2} + \frac{1}{5^2} + \cdots = \frac{\pi^2}{6},$$

つまり

$$\zeta(2) = \frac{\pi^2}{6}$$

に見られるように，$\zeta(s)$ の s が整数の場合に値 $\zeta(s)$ をわかりやすく表示することが基本である．

ここにあげた $\zeta(2)$ のときは，円周率

$$\pi = 3.141592\cdots$$

という良く知られた量によって簡明に書けていることが重要である．証明については第 2 章を見られたい．オイラーは，$\zeta(2n)$ $(n=1,2,3,\cdots)$ も $\pi^{2n} \times$ (有理数) の形に求めている．さらには，$\zeta(-n)$ $(n=0,1,2,\cdots)$ を有理数として明示した．

現在では，種々のゼータ関数の特殊値表示が得られているが，そこには未解決の問題がたくさん残っている．

1.3 関数等式

関数等式とは，$\zeta(s)$ の場合には

$$\zeta(1-s) \longleftrightarrow \zeta(s)$$

という対応であり，具体的に書くと

$$\zeta(1-s) = \zeta(s)2(2\pi)^{-s}\Gamma(s)\cos\left(\frac{\pi s}{2}\right)$$

という関係式である．ここで，$\Gamma(s)$ はガンマ関数であり，$\mathrm{Re}(s) > 0$ における積分表示

$$\Gamma(s) = \int_0^\infty e^{-x} x^{s-1} dx$$

から，すべての複素数 s へと複素解析関数として解析接続を行って得られる関数であり，s の有理型関数である．

この関数等式は 1739 年にオイラーが特殊値表示の結果として求めたものであるが，きちんとした証明はリーマンが 1859 年に与えた．詳しくは第 2 章と第 3 章を見られたい．

リーマンはオイラーの得た関数等式は，より対称性の高い形

$$\widehat{\zeta}(1-s) = \widehat{\zeta}(s)$$

に書き換えることができることを示した．ここで，

$$\widehat{\zeta}(s) = \zeta(s)\pi^{-\frac{s}{2}}\Gamma\left(\frac{s}{2}\right)$$

であり，完備ゼータ関数と呼ばれる．これは

$$\widehat{\zeta}(s) = \prod_{p \leqq \infty} \zeta_p(s),$$

$$\zeta_p(s) = \begin{cases} (1-p^{-s})^{-1} & (p \text{ は素数}) \\ \pi^{-\frac{s}{2}}\Gamma\left(\frac{s}{2}\right) & (p = \infty) \end{cases}$$

という形になっていることが，ゼータ関数論の発展に重要となる．通常の有限の素数 2,3,5,7,… だけでなく，"無限素数 ∞" も考え合わせて完全となるという視点である．

関数等式において前提となることは，ゼータ関数をすべての複素数 s に対して拡張しておくことである．それは「解析接続」と呼ばれる作業であり，$\zeta(s)$ の場合にはリーマンが証明した．詳しくは第 3 章を見られたい．

一般のゼータ関数に対しては，「解析接続」と「関数等式」が証明できている場合は

増えてきてはいるものの，大部分の場合は未解決の問題として挑戦を待っている．

有理数体上の楕円曲線に対するゼータ関数の場合（ハッセ・ゼータ関数，ガロア表現のゼータ関数）の解析接続・関数等式の証明は 20 世紀の終りになって完了したものであるが，その結果，有名な「フェルマー予想」という 350 年間未解決だった難問が解決したのである．このことは，一般のゼータ関数に対する解析接続・関数等式を証明することの難しさと重要性を如実に示している（1.5 節参照）．

1.4　リーマン予想

ゼータ関数の基本的な問題として必須なものはリーマン予想である．この予想は，一般のゼータ関数の場合に広く成立すると期待されているが，$\zeta(s)$ の場合でさえ未解決であり（それが通常の「リーマン予想」の内容であり，リーマンが 1859 年に提出した），数学最大の難問と言われている．

$\zeta(s)$ の場合のリーマン予想を説明しておこう．それは，解析接続した後の完備ゼータ関数 $\widehat{\zeta}(s)$ の零点 —— $\widehat{\zeta}(s) = 0$ となる s —— が $\mathrm{Re}(s) = \dfrac{1}{2}$ という一直線上にある，という予想である．このように，完備ゼータ関数にすると単純明快であるが，もともとの $\zeta(s)$ に対して述べると次の形になる：

$$\zeta(s) \text{ の零点} \begin{cases} s = -2, -4, -6, \cdots \\ s \text{ は虚数で } \mathrm{Re}(s) = \dfrac{1}{2} \text{ を満たす.} \end{cases}$$

さらに正確に述べると，$\zeta(s)$ の実零点は $s = -2, -4, -6, \cdots$ （それを発見したのは 1739 年のオイラーである）のみであることがわかっているのであるが，$\zeta(s)$ の虚零点については，リーマン以降 150 年間の研究によっても確定的な結果が得られていない．

一般のゼータ関数の場合は，より一層困難と思われるが，20 世紀のゼータ関数論の大きな成果として合同ゼータ関数（第 4 章）とセルバーグ・ゼータ関数（第 8 章）の場合にはリーマン予想の対応物が証明されているのは驚くべきことである．その証明において鍵となったことは，合同ゼータ関数とセルバーグ・ゼータ関数の場合にはゼータ関数の行列式表示が得られていて，その結果として，ゼータ関数の零点および極が固有値と同定されていたことである．

さらに，ここまでのゼータ関数では，変数も値もあまり明示はせずに，複素数に属すると考えてきたのであるが，これを p 進数におきかえることによって「p 進ゼータ関数」が考えられる．その場合の重要な問題である「岩澤主予想（Iwasawa Main Conjecture）」（部分的に解決されている）は「行列式表示」と見ることができる．これについては第 9 章を読まれたい．

1.5　ゼータ関数の一致

2 つのゼータ関数 $Z_1(s)$ と $Z_2(s)$ に対して
$$Z_1(s) = Z_2(s)$$
となるのが「ゼータ関数の一致」である．代表的な問題は

「ガロア表現のゼータ関数」＝「保型形式のゼータ関数」

というラングランズ予想である（第 6 章と第 7 章参照）．

フェルマー予想が証明されたのは，この型の一致が証明できたおかげである．この一致により，保型形式のゼータ関数の解析接続・関数等式からガロア表現のゼータ関数の解析接続・関数等式を導くというのが大まかな方針となっている．ただし，一般化された保型形式（代数群上）に対しては解析接続・関数等式は未解決の難問である．そのため，佐藤–テイト予想の証明（2011 年）ではガロア表現のゼータ関数に対する解析接続・関数等式から保型形式のゼータ関数に対する解析接続・関数等式を導くという，一般的な方針とは逆向きとなる方向も援用するという複雑な状況となっている．

1.6　ゼータ関数とは

ゼータ関数とは，以上で挙げた特徴的な性質をもっているものを指すと，まずは思っていただければ良い．ただし，それは「ゼータ関数の定義」ではなく，実際には研究の進展によって変化するものと考えるという大らかな態度で接することが必要である．解析接続・関数等式が証明できていないゼータ関数も多い（ほとんどだ）し，リーマン予想が確認されているゼータ関数はより少ない．また，「オイラー積」が通常の素数に関する積でないこともある（合同ゼータ関数，セルバーグ・ゼータ関数，絶対ゼータ関数，$\cdots$）．

つまり，具体的なゼータ関数をたくさん研究して体得することが肝要なのである．それでも，どうしても「ゼータ関数とは何か」をひとことで知りたい，と言われれば「ゼータ惑星の生きもの」と答えておこう．

第2章

オイラーのゼータ関数

　オイラーは 18 世紀の大数学者であり，20 歳代から 60 歳代にわたって，ゼータ関数に関する膨大な研究を行った．それは，一人の人間によるものとは信じがたいほどの内容である．

　ここでは，オイラーの得た主な結果を $\zeta(s) = \sum_{n=1}^{\infty} n^{-s}$ を中心に述べる．

2.1 特殊値表示（I）

　1735 年（28 歳）に，オイラーは

$$\zeta(2) = \frac{\pi^2}{6}, \quad \zeta(4) = \frac{\pi^4}{90}, \quad \zeta(6) = \frac{\pi^6}{945}, \quad \zeta(8) = \frac{\pi^8}{9450}, \cdots$$

という特殊値を示した．このうち，$\zeta(2)$ を求めることはバーゼル問題と呼ばれた有名な問題であった[*1]．

　オイラーの方法は，三角関数 $\sin x$ の無限積表示（因数分解）

$$\sin x = x \prod_{n=1}^{\infty} \left(1 - \frac{x^2}{n^2 \pi^2}\right)$$

を発見し，そこから $\zeta(2), \zeta(4), \zeta(6), \cdots$ を計算するというものであった．

　この無限積表示から

$$\sin x = x - \frac{\zeta(2)}{\pi^2} x^3 + \cdots$$

となることがわかるので，$\sin x$ の無限級数展開（17 世紀にライプニッツによって証明されていた）

$$\sin x = \sum_{n=0}^{\infty} \frac{(-1)^n}{(2n+1)!} x^{2n+1}$$

[*1] バーゼルはスイスの地名であり，当時ベルヌイら一流の数学者たちが活躍した場所である．バーゼル問題の命名の由来については，ナーイン著『オイラー博士の素敵な数式』（小山信也訳・日本評論社）に詳しい．

との間で x^3 の係数を比較することにより

$$= x - \frac{1}{6}x^3 + \cdots$$

$$-\frac{\zeta(2)}{\pi^2} = -\frac{1}{6},$$

つまり

$$\zeta(2) = \frac{\pi^2}{6}$$

を得るのである．

　この方法を続けると $\zeta(4), \zeta(6), \cdots$ も順に求めることができるが，一般の場合には，オイラーが示した通り，三角関数の対数微分を使うと見通しが良くなる．すなわち，等式

$$\sin(\pi x) = \pi x \prod_{m=1}^{\infty}\left(1 - \frac{x^2}{m^2}\right)$$

を対数微分した

$$\pi \cot(\pi x) = \frac{1}{x} - \sum_{m=1}^{\infty} \frac{2x}{m^2 - x^2}$$

において，$|x| < 1$ に対して右辺を次のように変形する：

$$\begin{aligned}
\frac{1}{x} - \sum_{m=1}^{\infty} \frac{2x}{m^2 - x^2} &= \frac{1}{x} - \frac{2}{x}\sum_{m=1}^{\infty} \frac{\frac{x^2}{m^2}}{1 - \frac{x^2}{m^2}} \\
&= \frac{1}{x} - \frac{2}{x}\sum_{m=1}^{\infty}\sum_{n=1}^{\infty}\left(\frac{x^2}{m^2}\right)^n \\
&= \frac{1}{x} - \frac{2}{x}\sum_{n=1}^{\infty} \zeta(2n) x^{2n}.
\end{aligned}$$

よって，

$$\begin{aligned}
\sum_{n=1}^{\infty} \zeta(2n) x^{2n} &= -\frac{x}{2}\left(\pi \cot(\pi x) - \frac{1}{x}\right) \\
&= -\frac{\pi x}{2} \cot(\pi x) + \frac{1}{2} \\
&= -\frac{\pi x}{2} \cdot \frac{\cos(\pi x)}{\sin(\pi x)} + \frac{1}{2}
\end{aligned}$$

$$= -\frac{\pi i x}{2} \cdot \frac{e^{\pi i x} + e^{-\pi i x}}{e^{\pi i x} - e^{-\pi i x}} + \frac{1}{2}$$
$$= -\frac{1}{2} \cdot \frac{2\pi i x}{e^{2\pi i x} - 1} - \frac{\pi i x}{2} + \frac{1}{2}$$

となる.

ここで，ベルヌイ数 B_k $(k=0,1,2,\cdots)$ を展開係数

$$\frac{t}{e^t - 1} = \sum_{k=0}^{\infty} \frac{B_k}{k!} t^k \qquad (|t| < 2\pi)$$

によって導入する. B_k は有理数であり

$B_0 = 1, \quad B_1 = -\frac{1}{2}, \quad B_2 = \frac{1}{6}, \quad B_3 = 0, \quad B_4 = -\frac{1}{30}, \quad B_5 = 0,$

$B_6 = \frac{1}{42}, \quad B_7 = 0, \quad B_8 = -\frac{1}{30}, \quad B_9 = 0, \quad B_{10} = \frac{5}{66}, \quad \cdots$

となっている.

すると

$$\sum_{n=1}^{\infty} \zeta(2n) x^{2n} = -\frac{1}{2} \sum_{k=0}^{\infty} \frac{B_k}{k!} (2\pi i x)^k - \frac{\pi i x}{2} + \frac{1}{2}$$
$$= -\frac{1}{2} \sum_{k=0}^{\infty} \frac{B_k (2\pi i)^k}{k!} x^k - \frac{\pi i}{2} x + \frac{1}{2}$$
$$= -\frac{1}{2} \sum_{k=2}^{\infty} \frac{B_k (2\pi i)^k}{k!} x^k$$

となる. ただし, $B_0 = 1, B_1 = -\frac{1}{2}$ を用いた.

したがって, x^{2n} の係数を比較して

$$\zeta(2n) = -\frac{B_{2n}(2\pi i)^{2n}}{2(2n)!}$$
$$= (-1)^{n-1} \frac{B_{2n}(2\pi)^{2n}}{2(2n)!}$$

となる. たとえば, B_2, B_4, B_6, B_8 の値を使うと

$$\zeta(2) = \frac{B_2 (2\pi)^2}{2 \cdot 2!} = \frac{\pi^2}{6},$$

$$\zeta(4) = -\frac{B_4(2\pi)^4}{2\cdot 4!} = \frac{\pi^4}{90},$$
$$\zeta(6) = \frac{B_6(2\pi)^6}{2\cdot 6!} = \frac{\pi^6}{945},$$
$$\zeta(8) = -\frac{B_8(2\pi)^8}{2\cdot 8!} = \frac{\pi^8}{9450}$$

を得る.

2.2 オイラー積

1737年（30歳）に，オイラーはオイラー積表示

$$\zeta(s) = \prod_{p:\text{素数}} (1-p^{-s})^{-1}$$

を発見した．ここでは $s>1$ と考えておこう．証明は，右辺を展開すればよい．実際，$|x|<1$ に対する公式

$$(1-x)^{-1} = 1+x+x^2+x^3+\cdots$$

を用いれば,

$$\begin{aligned}
&\prod_{p:\text{素数}} (1-p^{-s})^{-1} \\
&= (1-2^{-s})^{-1} \times (1-3^{-s})^{-1} \times (1-5^{-s})^{-1} \times (1-7^{-s})^{-1} \times \cdots \\
&= (1+2^{-s}+4^{-s}+8^{-s}+\cdots) \times (1+3^{-s}+9^{-s}+\cdots) \\
&\quad \times (1+5^{-s}+25^{-s}+\cdots) \times (1+7^{-s}+49^{-s}+\cdots) \times \cdots \\
&= 1+2^{-s}+3^{-s}+4^{-s}+5^{-s}+6^{-s}+7^{-s}+8^{-s}+9^{-s}+10^{-s}+\cdots
\end{aligned}$$

となるので $\zeta(s)$ を得る．ここで重要なことは各自然数 $n \geqq 1$ は

$$n = \prod_{p:\text{素数}} p^{\mathrm{ord}_p(n)} \qquad (\mathrm{ord}_p(n) \geqq 0)$$

の形に素因数分解が可能であるという点である．たとえば，

$$6 = 2^1 \times 3^1 \times 5^0 \times 7^0 \times \cdots$$

であって，$\zeta(s)$ の 6^{-s} の項は

$$6^{-s} = 2^{-s} \times 3^{-s}$$

として現れることになる．

このオイラー積を使って，オイラーは
$$\sum_{p:\text{素数}} \frac{1}{p} = \infty$$
を得た．これは，紀元前 500 年頃のギリシア時代から知られていた「素数は無限個存在する」という結果を 2000 年以上経ってから改良したものになっている．まさに，オイラー積の偉力と言える．

2.3　特殊値表示（II）

1739 年（32 歳）に，オイラーは $\zeta(0), \zeta(-1), \zeta(-2), \cdots$ の値を求めた：$\zeta(0) = -\frac{1}{2}$, $\zeta(-1) = -\frac{1}{12}$, $\zeta(-2) = 0$, $\cdots$．〔通常は 1749 年に計算したことになっている．オイラーの論文の詳細などについては，本シリーズの

　　黒川信重『オイラーとリーマンのゼータ関数』日本評論社，2018 年

を参照されたい．〕

一般式は
$$\zeta(1-n) = (-1)^{n-1}\frac{B_n}{n} \qquad (n=1,2,3,\cdots)$$
である．たとえば，
$$\zeta(0) = \frac{B_1}{1} = -\frac{1}{2},$$
$$\zeta(-1) = -\frac{B_2}{2} = -\frac{1}{12},$$
$$\zeta(-2) = \frac{B_3}{3} = 0,$$
$$\zeta(-3) = -\frac{B_4}{4} = \frac{1}{120},$$
$$\zeta(-4) = \frac{B_5}{5} = 0$$
となる．

こうして，オイラーは $s=-2,-4,-6,\cdots$ が $\zeta(s)$ の零点となることを発見したのである．このことは，歴史的に見ると，1859 年のリーマン予想の前触れと考えるこ

とができる．

なお，オイラーは解析接続をしていたわけではなく，発散級数を巧妙に処理して有限の値を求めていたのである．それを説明しておこう．そのためには，

$$\varphi(s) = \sum_{n=1}^{\infty} (-1)^{n-1} n^{-s}$$
$$= 1 - 2^{-s} + 3^{-s} - 4^{-s} + 5^{-s} - \cdots$$

が扱いやすい．$\varphi(s)$ と $\zeta(s)$ の関係は

$$\varphi(s) = (1 + 2^{-s} + 3^{-s} + 4^{-s} + \cdots) - 2(2^{-s} + 4^{-s} + 6^{-s} + \cdots)$$
$$= \sum_{n=1}^{\infty} n^{-s} - 2 \sum_{n=1}^{\infty} (2n)^{-s}$$
$$= (1 - 2^{1-s})\zeta(s)$$

と簡単である．したがって，$n = 1, 2, 3, \cdots$ に対して

$$\zeta(1-n) = \frac{1}{1-2^n} \varphi(1-n)$$

となっている．そこで

$$1 - x + x^2 - x^3 + \cdots = \frac{1}{1+x},$$
$$1 - 2x + 3x^2 - 4x^3 + \cdots = \frac{1}{(1+x)^2},$$
$$1 - 2^2 x + 3^2 x^2 - 4^2 x^3 + \cdots = \frac{1-x}{(1+x)^3},$$
$$1 - 2^3 x + 3^3 x^2 - 4^3 x^3 + \cdots = \frac{1 - 4x + x^2}{(1+x)^4},$$
$$1 - 2^4 x + 3^4 x^2 - 4^4 x^3 + \cdots = \frac{1 - 11x + 11x^2 - x^3}{(1+x)^5},$$
$$1 - 2^5 x + 3^5 x^2 - 4^5 x^3 + \cdots = \frac{1 - 26x + 66x^2 - 26x^3 + x^4}{(1+x)^6}$$
$$\cdots$$

において $x = 1$ とおくことにより

$$\varphi(0) = 1 - 1 + 1 - 1 + \cdots = \frac{1}{2},$$

$$\varphi(-1) = 1 - 2 + 3 - 4 + \cdots = \frac{1}{4},$$
$$\varphi(-2) = 1 - 2^2 + 3^2 - 4^2 + \cdots = 0,$$
$$\varphi(-3) = 1 - 2^3 + 3^3 - 4^3 + \cdots = -\frac{1}{8},$$
$$\varphi(-4) = 1 - 2^4 + 3^4 - 4^4 + \cdots = 0,$$
$$\varphi(-5) = 1 - 2^5 + 3^5 - 4^5 + \cdots = \frac{1}{4}$$
$$\cdots$$

となる．ただし，
$$1 - x + x^2 - x^3 + \cdots = \frac{1}{1+x}$$
は等比級数の和の公式であり，両辺に x を掛けて
$$x - x^2 + x^3 - x^4 + \cdots = \frac{x}{1+x}$$
として微分すると
$$1 - 2x + 3x^2 - 4x^3 + \cdots = \frac{1}{(1+x)^2}$$
となり，あとは同様である．ただし，$x = 1$ とおくことについては解析接続的な問題があるので，あくまで発見的手法と見るのがよい．

ともかく，このようにして，オイラーは
$$\zeta(0) = \frac{1}{1-2^1}\varphi(0) = -\frac{1}{2},$$
$$\zeta(-1) = \frac{1}{1-2^2}\varphi(-1) = -\frac{1}{12},$$
$$\zeta(-2) = \frac{1}{1-2^3}\varphi(-2) = 0,$$
$$\zeta(-3) = \frac{1}{1-2^4}\varphi(-3) = \frac{1}{120},$$
$$\zeta(-4) = \frac{1}{1-2^5}\varphi(-4) = 0,$$
$$\zeta(-5) = \frac{1}{1-2^6}\varphi(-5) = -\frac{1}{252}$$

を求めたのである．すべて有理数となっている．これらの値を深く研究することは重要な課題である．

2.4 関数等式

1739 年（32 歳）に，オイラーは関数等式

$$\zeta(1-s) = \zeta(s)2(2\pi)^{-s}\Gamma(s)\cos\left(\frac{\pi s}{2}\right)$$

を発見した．ここで，$\Gamma(s)$ はオイラーが 1729 年に発見していたガンマ関数である．

この関数等式に至った方法は，$n = 2, 3, 4, \cdots$ に対して特殊値表示から

$$\frac{\zeta(1-n)}{\zeta(n)} = 2(2\pi)^{-n}\Gamma(n)\cos\left(\frac{\pi n}{2}\right)$$

を確かめて，一般形を推測したのである．

2.5 積分表示

1768 年（61 歳）に，オイラーは積分表示

$$\zeta(s) = \frac{1}{\Gamma(s)}\int_0^1 \frac{\left(\log\frac{1}{x}\right)^{s-1}}{1-x}dx$$

を得た．これは，$x = e^{-t}$ とおきかえることによって

$$\zeta(s) = \frac{1}{\Gamma(s)}\int_0^\infty \frac{t^{s-1}}{e^t-1}dt$$

となって，1859 年にリーマンが $\zeta(s)$ の解析接続を行う時の出発点を与えていた．

2.6 $\zeta(3)$ の表示

1772 年（65 歳）に，オイラーは一生追求してきた $\zeta(3)$ を求める問題について一つの解答を与えた．それは，

$$\zeta(3) = \frac{2\pi^2}{7}\log 2 + \frac{16}{7}\int_0^{\frac{\pi}{2}} x\log(\sin x)dx$$

である．この結果は 3 重三角関数

$$\mathcal{S}_3(x) = e^{\frac{x^2}{2}} \prod_{n=1}^{\infty} \left(\left(1 - \frac{x^2}{n^2}\right)^{n^2} e^{x^2} \right)$$

を用いることによって

$$\zeta(3) = \frac{8\pi^2}{7} \log \left(\mathcal{S}_3 \left(\frac{1}{2}\right)^{-1} 2^{\frac{1}{4}} \right)$$

と書き換えることができる．詳しくは 2.3 節で言及した本を読まれたい．

なお，オイラーが $\zeta(3)$ の表示に至ったのは関数等式から得た関係式

$$\zeta(3) = -4\pi^2 \zeta'(-2)$$

に発散級数 $Z = \zeta'(-2)$ の変形を行った結果である．この Z（ラテン語読みで「ゼータ」）がゼータ関数論において「ゼータ」が使われた最初である．「ゼータ」が有名になるのは 1859 年にリーマンが使いだしてからであるが，オイラーは 87 年前の 1772 年に使っていたのである．

2.7 素数分布

1775 年（68 歳）に，オイラーは

$$\sum_{\substack{p \equiv 1 \pmod{4} \\ p:\text{素数}}} \frac{1}{p} = \infty$$

および

$$\sum_{\substack{p \equiv 3 \pmod{4} \\ p:\text{素数}}} \frac{1}{p} = \infty$$

を証明した．そのためには $\zeta(s)$ のみでなく，別のゼータ関数

$$L(s) = \sum_{n:\text{奇数}} (-1)^{\frac{n-1}{2}} n^{-s}$$

$$= \prod_{p:\text{奇素数}} \left(1 - (-1)^{\frac{p-1}{2}} p^{-s}\right)^{-1}$$

も活用して証明に至ったのである．とくに $L(1) = \dfrac{\pi}{4}$ であること ―― とくに重要なことは $L(1) \neq 0$ であること ―― が鍵となっていた．

ここに，「零点の非在」というテーマが浮かび上がってきた．リーマン予想も，$\zeta(s)$ の場合で言うと「$\mathrm{Re}(s) > \dfrac{1}{2}$ における零点の非在」と同値である（関数等式を使えばよい）．

オイラーの結果は，1837 年にディリクレが互いに素な自然数 N, a に対して

$$\sum_{\substack{p \equiv a \ (\mathrm{mod}\ N) \\ p:\ 素数}} \frac{1}{p} = \infty$$

という「ディリクレの素数定理」を証明する動機を与えていた．オイラーは 1775 年の論文において $N = 100, a = 1$ のときにはそうなるに違いないという予想を明記していたのである．

2.8 絶対ゼータ関数

1774 年～1776 年（67 歳～69 歳）に，オイラーは絶対ゼータ関数論を研究していたことが，最近，判明した．この絶対ゼータ関数論とは 21 世紀に盛んとなった絶対ゼータ関数論である．その驚くべき詳細については 2.3 節で引用した単行本を読んでいただきたい．

絶対ゼータ関数は合同ゼータ関数の極限として導入できるので第 4 章で触れる．ここでは，代数的トーラス $\mathbb{G}_m = GL(1)$ の積の場合のみを 2 つ述べる：

(1) $\displaystyle\int_0^1 \frac{x^{s-1} - x^{s-2}}{\log x} dx = \log\left(\frac{s}{s-1}\right) = \log \zeta_{\mathbb{G}_m/\mathbb{F}_1}(s).$

(2) $\displaystyle\gamma = \sum_{n=2}^{\infty} \frac{1}{n} \log\left(\prod_{k=1}^{n} k^{(-1)^k \binom{n-1}{k-1}}\right) = \sum_{n=2}^{\infty} \frac{1}{n} \log \zeta_{\mathbb{G}_m^{n-1}/\mathbb{F}_1}(n).$

(1) はオイラーの 1774 年 10 月 10 日付（67 歳）の結果である．ここでは $s > 1$ としておく．(2) はオイラーの 1776 年 2 月 29 日付（68 歳）の結果である．ここで，

$$\gamma = \lim_{n \to \infty}\left(1 + \frac{1}{2} + \cdots + \frac{1}{n} - \log n\right) = 0.577\cdots$$

はオイラー定数である．この，絶対ゼータ関数の $s = n$ における値による表示は，オ

イラーが 1734 年 3 月 11 日付（26 歳）の論文で得ていた結果

$$\gamma = \sum_{n=2}^{\infty} \frac{(-1)^n}{n} \zeta(n)$$

と構造がよく似ていて面白い類似となっている．

第3章
リーマンのゼータ関数

リーマン（1826 – 1866）はオイラー（1707 – 1783）の研究を受けて，$\zeta(s)$ の解析接続・関数等式を証明した．さらに，x 以下の素数の個数 $\pi(x)$ に対する明示公式を与えた．そこに必要となるものは $\zeta(s)$ の零点全体であった．したがって，零点全体を精確に決定することが残されていた．リーマンは，その部分的解決として —— 零点の実部情報に制限して —— リーマン予想を提出したのであった．リーマン予想は時代とともに次第に拡張され，現代数学全体を巻き込む大問題へと発展してきている．

3.1 解析接続と特殊値

リーマンは，$\zeta(s)$ の解析接続を与えた．その方法を説明しよう．まず，$\mathrm{Re}(s) > 1$ における積分表示

$$\zeta(s) = \frac{1}{\Gamma(s)} \int_0^\infty \frac{t^{s-1}}{e^t - 1} dt$$

から出発する．この積分表示は，もともとオイラーが 1768 年に

$$\zeta(s) = \frac{1}{\Gamma(s)} \int_0^1 \frac{\left(\log \frac{1}{x}\right)^{s-1}}{1 - x} dx$$

の形で与えていたものである．リーマンの形は，$x = e^{-t}$ というおきかえを行なえば得られる．

なお，等式

$$\zeta(s) = \frac{1}{\Gamma(s)} \int_0^\infty \frac{t^{s-1}}{e^t - 1} dt \qquad (\mathrm{Re}(s) > 1)$$

を直接見るには

$$\int_0^\infty \frac{t^{s-1}}{e^t - 1} dt = \int_0^\infty \left(\sum_{n=1}^\infty e^{-nt}\right) t^{s-1} dt$$

$$= \sum_{n=1}^{\infty} \int_0^{\infty} e^{-nt} t^{s-1} dt$$
$$= \sum_{n=1}^{\infty} \Gamma(s) n^{-s}$$
$$= \Gamma(s)\zeta(s)$$

とすればよい．ここで

$$\int_0^{\infty} e^{-nt} t^{s-1} dt = \Gamma(s) n^{-s}$$

はガンマ関数の積分表示（$n=1$ の場合）に帰着させることによってわかる：

$$\int_0^{\infty} e^{-nt} t^s \frac{dt}{t} \stackrel{nt=u}{=} \int_0^{\infty} e^{-u} \left(\frac{u}{n}\right)^s \frac{du}{u}$$
$$= n^{-s} \int_0^{\infty} e^{-u} u^{s-1} du$$
$$= n^{-s} \Gamma(s).$$

記述を簡単にするために，各整数 $k \geq 0$ に対して $\zeta(s)$ を $\mathrm{Re}(s) > -k-1$ まで解析接続すると同時に特殊値表示

$$\zeta(-k) = (-1)^k \frac{B_{k+1}}{k+1}$$

も示すことにする．

そのために，

$$\zeta(s) = \mathrm{I}(s) + \mathrm{II}_k(s) + \mathrm{III}_k(s)$$

の形に分割する．ここで，

$$\mathrm{I}(s) = \frac{1}{\Gamma(s)} \int_1^{\infty} \frac{t^{s-1}}{e^t - 1} dt,$$
$$\mathrm{II}_k(s) = \frac{1}{\Gamma(s)} \int_0^1 \left(\frac{1}{e^t - 1} - \sum_{l=0}^{k+1} \frac{B_l}{l!} t^{l-1}\right) t^{s-1} dt,$$
$$\mathrm{III}_k(s) = \frac{1}{\Gamma(s)} \int_0^1 \left(\sum_{l=0}^{k+1} \frac{B_l}{l!} t^{l-1}\right) t^{s-1} dt$$

である．すると，$\mathrm{I}(s)$ の積分は，すべての複素数 s に対して有限値に絶対収束する積分であり，正則関数となる．また，$\frac{1}{\Gamma(s)}$ も正則関数なので，$\mathrm{I}(s)$ は正則関数となる．

さらに，$\dfrac{1}{\Gamma(s)}$ は $s=-k$ において 1 位の零点をもつため，$\mathrm{I}(-k)=0$ となる．

$\mathrm{II}_k(s)$ の場合は，ベルヌイ数の定義より

$$\frac{1}{e^t-1} - \sum_{l=0}^{k+1} \frac{B_l}{l!} t^{l-1} = O(t^{k+1})$$

となるので，積分

$$\int_0^1 \left(\frac{1}{e^t-1} - \sum_{l=0}^{k+1} \frac{B_l}{l!} t^{l-1} \right) t^{s-1} dt$$

は $\mathrm{Re}(s) > -k-1$ において有限値に絶対収束することから正則関数になる．さらに，$\dfrac{1}{\Gamma(s)}$ も正則関数なので，$\mathrm{II}_k(s)$ は $\mathrm{Re}(s) > -k-1$ において正則な関数である．また，$\dfrac{1}{\Gamma(s)}$ が $s=-k$ において 1 位の零点をもつことから $\mathrm{II}_k(-k)=0$ である．

$\mathrm{III}_k(s)$ は

$$\mathrm{III}_k(s) = \frac{1}{\Gamma(s)} \sum_{l=0}^{k+1} \frac{B_l}{l!} \int_0^1 t^{s+l-2} dt$$

$$= \frac{1}{\Gamma(s)} \sum_{l=0}^{k+1} \frac{B_l}{l!} \left[\frac{t^{s+l-1}}{s+l-1} \right]_0^1$$

$$= \frac{1}{\Gamma(s)} \sum_{l=0}^{k+1} \frac{B_l}{l!} \cdot \frac{1}{s+l-1}$$

となるので，すべての複素数 s に対して有理型の関数である．とくに，

$$\mathrm{III}_k(s) = \frac{B_{k+1}}{(k+1)!} \cdot \frac{1}{(s+k)\Gamma(s)} + \frac{1}{\Gamma(s)} \sum_{l=0}^{k} \frac{B_l}{l!} \cdot \frac{1}{s+l-1}$$

$$= \frac{B_{k+1}}{(k+1)!} \cdot \frac{s(s+1)\cdots(s+k-1)}{\Gamma(s+k+1)} + \frac{1}{\Gamma(s)} \sum_{l=0}^{k} \frac{B_l}{l!} \cdot \frac{1}{s+l-1}$$

とすると，

$$\mathrm{III}_k(-k) = (-1)^k \frac{B_{k+1}}{k+1}$$

となる．ただし，関係式 $\Gamma(x+1) = x\Gamma(x)$ を用いた．

このようにして，

$$\zeta(s) = \mathrm{I}(s) + \mathrm{II}_k(s) + \mathrm{III}_k(s)$$

は $\mathrm{Re}(s) > -k-1$ において有理型関数として解析接続されることがわかる．極は $s=1$ における 1 位の極しかないことは $\mathrm{III}_k(s)$ の形から従う．同時に，

$$\zeta(-k) = \mathrm{I}(-k) + \mathrm{II}_k(-k) + \mathrm{III}_k(-k)$$
$$= 0 + 0 + (-1)^k \frac{B_{k+1}}{k+1}$$
$$= (-1)^k \frac{B_{k+1}}{k+1}$$

が示された．この特殊値表示はオイラーが 1739 年に発散級数を用いて求めていたものである．

3.2 関数等式

リーマンは $\zeta(s)$ の解析接続を行った後に関数等式を証明した．それは 1768 年にオイラーが発見・予想した形

$$\zeta(1-s) = \zeta(s) 2 (2\pi)^{-s} \Gamma(s) \cos\left(\frac{\pi s}{2}\right)$$

そのものである．ここでは，リーマンにならって，完備ゼータ関数 $\widehat{\zeta}(s)$ に対する完全対称な関数等式

$$\widehat{\zeta}(1-s) = \widehat{\zeta}(s)$$

を証明する．ちなみに，この二つの関数等式は同値なものである．実際，

$$\widehat{\zeta}(1-s) = \widehat{\zeta}(s) \iff \zeta(1-s) \pi^{-\frac{1-s}{2}} \Gamma\left(\frac{1-s}{2}\right) = \zeta(s) \pi^{-\frac{s}{2}} \Gamma\left(\frac{s}{2}\right)$$

$$\iff \frac{\zeta(1-s)}{\zeta(s)} = \frac{\pi^{-\frac{s}{2}} \Gamma\left(\frac{s}{2}\right)}{\pi^{-\frac{1-s}{2}} \Gamma\left(\frac{1-s}{2}\right)}$$

であり，オイラーの関数等式は

$$\frac{\zeta(1-s)}{\zeta(s)} = 2(2\pi)^{-s} \Gamma(s) \cos\left(\frac{\pi s}{2}\right)$$

と同じことである．したがって，等式

$$\frac{\pi^{-\frac{s}{2}}\Gamma\left(\frac{s}{2}\right)}{\pi^{-\frac{1-s}{2}}\Gamma\left(\frac{1-s}{2}\right)} = 2(2\pi)^{-s}\Gamma(s)\cos\left(\frac{\pi s}{2}\right) \tag{3.1}$$

が示されれば二つの関数等式が同値なことがわかる.

この (3.1) はガンマ関数の性質から従うのであるが, 話を見やすくするために

$$\Gamma_{\mathbb{R}}(s) = \pi^{-\frac{s}{2}}\Gamma\left(\frac{s}{2}\right),$$

$$\Gamma_{\mathbb{C}}(s) = 2(2\pi)^{-s}\Gamma(s)$$

とおく. すると (3.1) は

$$\frac{\Gamma_{\mathbb{R}}(s)}{\Gamma_{\mathbb{R}}(1-s)} = \Gamma_{\mathbb{C}}(s)\cos\left(\frac{\pi s}{2}\right)$$

に他ならない. ここで, ガンマ関数の性質

$$\begin{cases} \text{(a)} & \Gamma_{\mathbb{C}}(s) = \Gamma_{\mathbb{R}}(s)\Gamma_{\mathbb{R}}(s+1) \\ \text{(b)} & \Gamma_{\mathbb{R}}(1+s)\Gamma_{\mathbb{R}}(1-s) = \dfrac{1}{\cos\left(\dfrac{\pi s}{2}\right)} \end{cases}$$

に注意すれば (3.1) が得られる. なお, ガンマ関数の性質 (a) は「2 倍角の公式」であり, (b) は「ガンマ関数と三角関数の関係」である.

さて, 関数等式

$$\widehat{\zeta}(1-s) = \widehat{\zeta}(s)$$

を証明しよう. この証明はリーマンが行なったものであり, $\widehat{\zeta}(s)$ や $\zeta(s)$ の解析接続も同時に与えていることに留意されたい. そのために

$$\varphi(x) = \sum_{m=1}^{\infty} e^{-\pi m^2 x} \qquad (x > 0)$$

とおく. すると, $\mathrm{Re}(s) > 1$ において

$$\widehat{\zeta}(s) = \int_0^{\infty} \varphi(x) x^{\frac{s}{2}-1} dx$$

となることがわかる:

$$\int_0^{\infty} \varphi(x) x^{\frac{s}{2}-1} dx = \int_0^{\infty} \left(\sum_{m=1}^{\infty} e^{-\pi m^2 x}\right) x^{\frac{s}{2}-1} dx$$

24 第3章 リーマンのゼータ関数

$$\begin{aligned}
&= \sum_{m=1}^{\infty} \int_0^{\infty} e^{-\pi m^2 x} x^{\frac{s}{2}-1} dx \\
&= \sum_{m=1}^{\infty} \Gamma\left(\frac{s}{2}\right) (\pi m^2)^{-\frac{s}{2}} \\
&= \pi^{-\frac{s}{2}} \Gamma\left(\frac{s}{2}\right) \sum_{m=1}^{\infty} m^{-s} \\
&= \Gamma_{\mathbb{R}}(s)\zeta(s) \\
&= \widehat{\zeta}(s).
\end{aligned}$$

したがって,

$$\begin{aligned}
\widehat{\zeta}(s) &= \int_1^{\infty} \varphi(x) x^{\frac{s}{2}} \frac{dx}{x} + \int_0^1 \varphi(x) x^{\frac{s}{2}} \frac{dx}{x} \\
&= \int_1^{\infty} \varphi(x) x^{\frac{s}{2}} \frac{dx}{x} + \int_1^{\infty} \varphi\left(\frac{1}{x}\right) x^{-\frac{s}{2}} \frac{dx}{x}
\end{aligned}$$

となる. ここで,「ϑ 関数の変換公式」(あるいは「ポアソンの和公式」) として知られる関係式

$$1 + 2\varphi\left(\frac{1}{x}\right) = x^{\frac{1}{2}}(1 + 2\varphi(x)) \tag{3.2}$$

を用いる (これは ϑ 関数が重さ $\frac{1}{2}$ の保型形式になることに対応している). つまり,

$$\varphi\left(\frac{1}{x}\right) = x^{\frac{1}{2}}\varphi(x) + \frac{1}{2}x^{\frac{1}{2}} - \frac{1}{2}$$

である. すると,

$$\begin{aligned}
\widehat{\zeta}(s) &= \int_1^{\infty} \varphi(x) x^{\frac{s}{2}} \frac{dx}{x} + \int_1^{\infty} \left(x^{\frac{1}{2}}\varphi(x) + \frac{1}{2}x^{\frac{1}{2}} - \frac{1}{2}\right) x^{-\frac{s}{2}} \frac{dx}{x} \\
&= \int_1^{\infty} \varphi(x) \left(x^{\frac{s}{2}} + x^{\frac{1-s}{2}}\right) \frac{dx}{x} + \int_1^{\infty} \left(\frac{1}{2}x^{-\frac{s}{2}-\frac{1}{2}} - \frac{1}{2}x^{-\frac{s}{2}-1}\right) dx \\
&= \int_1^{\infty} \varphi(x) \left(x^{\frac{s}{2}} + x^{\frac{1-s}{2}}\right) \frac{dx}{x} + \frac{1}{s-1} - \frac{1}{s} \\
&= \int_1^{\infty} \varphi(x) \left(x^{\frac{s}{2}} + x^{\frac{1-s}{2}}\right) \frac{dx}{x} - \frac{1}{s(1-s)}
\end{aligned}$$

となって, $\widehat{\zeta}(s)$ はすべての複素数 s で有理型関数となることがわかる. つまり, $\widehat{\zeta}(s)$ の極は $s=1,0$ であって, どちらも 1 位の極である. 同時に, 関数等式

$$\widehat{\zeta}(1-s) = \widehat{\zeta}(s)$$

も一目瞭然となっている．

3.3　$\zeta(2n)$ の表示

関数等式
$$\zeta(1-s) = \zeta(s)2(2\pi)^{-s}\Gamma(s)\cos\left(\frac{\pi s}{2}\right)$$
において，$s = 2n \ (n = 1, 2, 3, \cdots)$ とすることによって
$$\zeta(1-2n) = \zeta(2n)2(2\pi)^{-2n}\Gamma(2n)\cos(n\pi)$$
を得る．ここで，3.1 節より
$$\zeta(1-2n) = -\frac{B_{2n}}{2n},$$
$$\Gamma(2n) = (2n-1)!,$$
$$\cos(n\pi) = (-1)^n$$
であるから
$$\zeta(2n) = (-1)^{n-1}\frac{B_{2n}(2\pi)^{2n}}{2(2n)!}$$
を得る．これはオイラーが 1735 年に求めていた特殊値表示である．もちろん，この公式を関数等式を用いることなく示すことはオイラーがやっていた方法でできていた (2.1 節)．

3.4　リーマンの素数公式

リーマンは，$x > 1$ のとき x 以下の素数の個数 $\pi(x)$ に対する公式を証明した：

第3章 リーマンのゼータ関数

> **● 定理 3.1 (リーマンの素数公式)**
>
> $$\pi(x) = \sum_{m=1}^{\infty} \frac{\mu(m)}{m}\left(\text{Li}(x^{\frac{1}{m}}) - \sum_{\widehat{\zeta}(\rho)=0} \text{Li}(x^{\frac{\rho}{m}}) + \int_{x^{\frac{1}{m}}}^{\infty} \frac{du}{(u^2-1)u\log u} - \log 2\right).$$

ここで, $\mu(m)$ はメビウス関数

$$\mu(m) = \begin{cases} +1 & (\text{相異なる偶数個の素数の積}\ (m=1\ \text{も含む})) \\ -1 & (\text{相異なる奇数個の素数の積}) \\ 0 & (\text{その他}) \end{cases}$$

であり,

$$\text{Li}(x) = \int_0^x \frac{du}{\log u} = \lim_{\varepsilon \downarrow 0}\left(\int_0^{1-\varepsilon} \frac{du}{\log u} + \int_{1+\varepsilon}^x \frac{du}{\log u}\right)$$

は対数積分と呼ばれる関数であり, ρ は $\widehat{\zeta}(s)$ の零点全体 ($\zeta(s)$ の虚の零点全体) を動く.

ただし, $\pi(x)$ は

$$\pi(x) = \frac{\pi(x+0) + \pi(x-0)}{2}$$

が成立するようにしておく. つまり, 素数のところでは1個増えるのではなく $\frac{1}{2}$ 増加させるのである.

リーマンの証明法は次の通りである. リーマンは, まず

$$f(x) = \sum_{p^m \leq x} \frac{1}{m}$$

に対する「明示公式」(explicit formula)

$$f(x) = \text{Li}(x) - \sum_{\widehat{\zeta}(\rho)=0} \text{Li}(x^\rho) + \int_x^\infty \frac{du}{(u^2-1)u\log u} - \log 2$$

を示す. すると, 関係式

$$f(x) = \sum_{m=1}^{\infty} \frac{1}{m}\pi(x^{\frac{1}{m}})$$

をメビウス逆変換して

$$\pi(x) = \sum_{m=1}^{\infty} \frac{\mu(m)}{m} f(x^{\frac{1}{m}})$$

となるので定理を得るのである．ここで，$f(x)$ の明示公式を求める方法について一言しておくと，積分表示

$$\frac{\log \zeta(s)}{s} = \int_1^{\infty} f(x) x^{-s-1} ds$$

をフーリエ変換して，$a > 1$ に対して

$$f(x) = \frac{1}{2\pi i} \int_{a-i\infty}^{a+i\infty} \frac{\log \zeta(s)}{s} x^s ds$$

と表示してから $\zeta(s)$ の無限積分解

$$\zeta(s) = \frac{1}{\Gamma_{\mathbb{R}}(s) s(s-1)} \prod_{\substack{\widehat{\zeta}(\rho)=0 \\ \mathrm{Im}(\rho)>0}} \left(1 - \frac{s(1-s)}{\rho(1-\rho)}\right)$$

を用いればよい．なお，最後の等式において $s=2$ とおけば

$$\prod_{\substack{\widehat{\zeta}(\rho)=0 \\ \mathrm{Im}(\rho)>0}} \left(1 + \frac{2}{\rho(1-\rho)}\right) = \frac{\pi}{3}$$

という簡明な等式が得られる．これは，

$$\lambda = \rho(1-\rho)$$

とおきかえると

$$\prod_{\lambda} \left(1 + \frac{2}{\lambda}\right) = \frac{\pi}{3}$$

となっている．ここには，$1, 2, 3, \pi$ が順序良く並んでいて美しい．［黒川信重『リーマンと数論』共立出版，2016 年参照］

3.5　リーマン予想

　リーマンは，素数公式を実効あるようにするために $\widehat{\zeta}(s)$ の零点 ρ をすべて求めるという問題を深く考察した．その結果

| リーマン予想 | $\widehat{\zeta}(\rho) = 0$ ならば $\mathrm{Re}(\rho) = \dfrac{1}{2}$ |

を提出した．この数学最大の問題に対しては，1859 年以来の挑戦が続いている．

ちなみに，1901 年になって，コッホは

$$\text{リーマン予想} \iff \pi(x) = \mathrm{Li}(x) + O(x^{\frac{1}{2}} \log x)$$

というわかりやすい定式化を与えている．

第4章

合同ゼータ関数

合同ゼータ関数は 20 世紀はじめにドイツの学生コルンブルム（1890 – 1914）によって導入されたゼータ関数であり，有限体上の代数的集合（代数多様体やスキーム）に対して構成される．環の観点からは，有限体上の有限生成可換環のゼータ関数である．合同（congruence）とは有限体の素となる $\mathbb{F}_p$（p は素数）が $\mathbb{Z}$ mod p から来ていることを指している．

合同ゼータ関数に関しては，20 世紀中頃からグロタンディーク（1928 – 2014）による膨大な研究（論文のページ数で一万ページ程度）によって，行列式表示まで得られていた（1965 年，SGA5）．その上に立って，リーマン予想の類似物が証明されている（1974 年，ドリーニュ）．

合同ゼータ関数は，代数的集合（方程式の解の個数）のゼータ関数，環のゼータ関数の他に，自己同型（今の場合はフロベニウス自己同型）のゼータ関数や有向グラフ（フロベニウス作用を辺とする）のゼータ関数という視点も可能である．第 5 章のハッセ・ゼータ関数から見ると，オイラー積の p-因子と考えておけばよい．そのような多面性が合同ゼータ関数論を豊富なものにしている．さらには，21 世紀に入って合同ゼータ関数の "$p \to 1$" という極限（つまり，"$\mathbb{F}_p \to \mathbb{F}_1$" という極限）として絶対ゼータ関数の研究も開始された．

本章では，以上のことを簡単に解説する．

4.1 合同ゼータ関数の起源：環から

合同ゼータ関数はゲッチンゲン大学（ドイツ）の学生であったコルンブルム（H. Kornblum, 1890 – 1914）によって研究が始まった．コルンブルムは素数 p に対して，p 元体

$$\mathbb{F}_p = \{0, 1, \cdots, p-1\}$$

係数の多項式環 $\mathbb{F}_p[T]$ のゼータ関数（表現付きも込めて）の場合を研究してディリクレの素数定理の類似物を証明した（$\mathbb{Z}$ と $\mathbb{F}_p[T]$ の類似である）．論文は

H. Kornblum "Über die Primfunktionen in einer arithmetischen Progression" ［等差数列における素多項式について］Math. Zeitschrift **5**（1919）100-111

である．コルンブルムは 1914 年に起こった第一次世界大戦に出征して，その年に 24 歳で戦死してしまった．そのため，学位論文となるはずだった原稿を指導教官のランダウが編集して出版となったものが上の論文である（現在では『ランダウ全集』にも収録されている）．

コルンブルムのゼータ関数は

$$\zeta_{\mathbb{F}_p[T]}(s) = \prod_{\substack{h \in \mathbb{F}_p[T] \\ \text{素多項式}}} (1 - N(h)^{-s})^{-1}$$

である．ここで，$h \in \mathbb{F}_p[T]$ が「素多項式」とは，最高次の係数が 1（簡単に「モニック」という）の既約多項式のことであり，

$$N(h) = p^{\deg(h)}$$

である．

この定義は，第 2 章のオイラーによるオイラー積

$$\zeta(s) = \sum_{n=1}^{\infty} n^{-s} = \prod_{p:\text{素数}} (1 - p^{-s})^{-1}$$

の発見（1737 年）を思い出してみるとわかりやすい．一般の環 A（$\mathbb{Z}$ 上有限生成の可換環としておこう．なお，この "$\mathbb{Z}$ 上" とは "$\mathbb{Z} \cdot 1_A$ 上"——1_A は環 A の単位元——の慣例的な言い方なので，"$\mathbb{F}_p$ 上有限生成の可換環" などを含んでいる）に対して，

$$\mathrm{Specm}(A) = \{M \subset A \mid \text{極大イデアル}\}$$

とおき

$$\zeta_A(s) = \prod_{M \in \mathrm{Specm}(A)} (1 - N(M)^{-s})^{-1}$$

という「環のゼータ関数」（あるいは「空間 $\mathrm{Specm}(A)$ のゼータ関数」とも思うことができて，それが代数的集合やスキームのゼータ関数となる）を考えることにより明快になる．環と空間の対応関係や極大イデアルやスキームについては 4.7 節にまとめ

ておいたので適宜参照されたい．なお，
$$N(M) = |A/M|$$
が M のノルムである．

先ほどの例では
$$A = \mathbb{F}_p[T] \Longrightarrow \zeta_A(s) = \zeta_{\mathbb{F}_p[T]}(s)$$
$$A = \mathbb{Z} \Longrightarrow \zeta_A(s) = \zeta_{\mathbb{Z}}(s) = \zeta(s)$$
となっている．この場合は，両方とも単項イデアル整域（PID）となっているため，極大イデアル M は既約元 $h \in A$ によって $M = (h) = hA$ と書けるので，類似としても一層わかりやすくなっている．

コルンブルムの場合にオイラー積を展開すると
$$\zeta_{\mathbb{F}_p[T]}(s) = \sum_{\substack{f \in \mathbb{F}_p[T] \\ \text{モニック}}} N(f)^{-s}$$
となる．ここでも，$N(f) = p^{\deg(f)}$ である．n 次のモニック多項式
$$f(T) = T^n + a_1 T^{n-1} + \cdots + a_n$$
は，$a_1, \cdots, a_n \in \mathbb{F}_p$ の取り方の組合せが p^n 個存在することから
$$\zeta_{\mathbb{F}_p[T]}(s) = \sum_{n=0}^{\infty} p^n \cdot p^{-ns}$$
$$= \frac{1}{1 - p^{1-s}} \qquad (\mathrm{Re}(s) > 1)$$
となる．したがって，$\mathrm{Re}(s) > 1$ からすべての複素数 s への解析接続によって
$$\zeta_{\mathbb{F}_p[T]}(s) = \frac{1}{1 - p^{1-s}}$$
という有理型関数となる．

これが，コルンブルムの最初のゼータ関数であり，コルンブルムは指標付き（1次元表現付き）のゼータ関数（L 関数）も計算して，ディリクレの素数定理の類似物を証明したのである．

なお，$\zeta_{\mathbb{F}_p[T]}(s)$ の計算は別の方法でも行うことができる．それは，

$$\zeta_{\mathbb{F}_p[T]}(s) = \prod_{n=1}^{\infty} \left(\prod_{\substack{h \in \mathbb{F}_p[T] \\ \text{素多項式}, \deg(h)=n}} (1 - N(h)^{-s})^{-1} \right)$$

$$= \prod_{n=1}^{\infty} (1 - p^{-ns})^{-\kappa(n)}$$

とした上で，個数

$$\kappa(n) = |\{h \in \mathbb{F}_p[T] \mid \text{素多項式}, \deg(h) = n\}|$$

を求めるのである．結果は

$$\kappa(n) = \frac{1}{n} \sum_{m|n} \mu\left(\frac{n}{m}\right) p^m$$

となる．その計算は「体とガロア理論」の良い練習問題である．ヒントをつけておこう．「体とガロア理論」に出てくる等式

$$\prod_{\substack{h \in \mathbb{F}_p[T] \\ \text{素多項式}, \deg(h)|m}} h = T^{p^m} - T$$

に注目して，両辺の次数を比較すると，

$$\sum_{\deg(h)|m} \deg(h) = p^m$$

を得る．よって

$$\sum_{n|m} n\kappa(n) = p^m$$

となる．ここで，メビウス逆変換（メビウス反転公式）を用いると

$$n\kappa(n) = \sum_{m|n} \mu\left(\frac{n}{m}\right) p^m$$

つまり

$$\kappa(n) = \frac{1}{n} \sum_{m|n} \mu\left(\frac{n}{m}\right) p^m$$

となるのである．

このようにして $\kappa(n)$ がわかると

$$\zeta_{\mathbb{F}_p[T]}(s) = \prod_{n=1}^{\infty} (1-p^{-ns})^{-\kappa(n)}$$
$$= (1-p^{1-s})^{-1} \qquad (\mathrm{Re}(s) > 1)$$

というコルンブルムの結論に再び至るのである．ただし，最後の等式は，$u = p^{-s}$ とすることによって，$|u| < \dfrac{1}{p}$ に対する等式

$$\prod_{n=1}^{\infty} (1-u^n)^{\kappa(n)} = 1 - pu$$

と同値なことから，両辺の対数を $|u| < \dfrac{1}{p}$ においてとり

$$\log\left(\prod_{n=1}^{\infty} (1-u^n)^{\kappa(n)}\right) = -\sum_{m=1}^{\infty}\sum_{n=1}^{\infty} \frac{\kappa(n)}{m} u^{nm},$$

$$\log(1-pu) = -\sum_{M=1}^{\infty} \frac{p^M}{M} u^M$$

の比較をすればよい．ここで，

$$\sum_{m=1}^{\infty}\sum_{n=1}^{\infty} \frac{\kappa(n)}{m} u^{nm} = \sum_{m=1}^{\infty}\sum_{n=1}^{\infty} \frac{n\kappa(n)}{nm} u^{nm}$$

として，右辺において nm を新たに M とおきかえると

$$\sum_{m=1}^{\infty}\sum_{n=1}^{\infty} \frac{\kappa(n)}{m} u^{nm} = \sum_{M=1}^{\infty} \frac{1}{M} \left(\sum_{n|M} n\kappa(n)\right) u^M$$

となる．したがって，既に示した

$$\sum_{n|M} n\kappa(n) = p^M$$

を用いることにより

$$\prod_{n=1}^{\infty} (1-u^n)^{\kappa(n)} = 1 - pu \qquad \left(|u| < \frac{1}{p}\right)$$

となり，コルンブルムに至る．

環のゼータ関数は，おおよそ，標数 $p>0$ の環の場合に「合同ゼータ関数」と呼ばれ，標数 0 の環の場合には「ハッセ・ゼータ関数」と呼ばれる．簡単な例を挙げておこう：

(a) $A = \mathbb{F}_p$ のとき

$\zeta_{\mathbb{F}_p}(s) = \dfrac{1}{1-p^{-s}}$ である．これは，$\text{Specm}(\mathbb{F}_p) = \{(0)\}$ であり，$N((0)) = |\mathbb{F}_p/(0)| = p$ よりわかる．$\mathbb{F}_p$ の n 次拡大体 $\mathbb{F}_{p^n} = \mathbb{F}_q$ の場合も全く同様に $\text{Specm}(\mathbb{F}_q) = \{(0)\}$, $N((0)) = |\mathbb{F}_q/(0)| = q$ より $\zeta_{\mathbb{F}_q}(s) = \dfrac{1}{1-q^{-s}}$ となる．

(b) $A = O_K$ のとき

ここで，O_K は代数体 K（有理数体 $\mathbb{Q}$ の有限次拡大体）の整数環である．このときは，$\zeta_{O_K}(s)$ はデデキント・ゼータ関数と呼ばれている．通常は "$\zeta_K(s)$" と書かれているが，これは "環 K" のゼータ関数を意味してはいないので注意されたい．

(c) $A = \mathbb{Z}/(10)$ のとき

これは練習用に入れた例である．このとき，
$$\text{Specm}(\mathbb{Z}/(10)) = \{(2), (5)\}$$
であり，$N((2)) = 5$，$N((5)) = 2$ となる．したがって，
$$\zeta_{\mathbb{Z}/(10)}(s) = (1-2^{-s})^{-1}(1-5^{-s})^{-1}$$
である．

4.2 一般の合同ゼータ関数

有限体 $\mathbb{F}_p$（一般の有限体でも良いが，簡略化するため p は素数としておく）上の有限型スキーム X の合同ゼータ関数は
$$\zeta_{X/\mathbb{F}_p}(s) = \exp\left(\sum_{m=1}^{\infty} \frac{|X(\mathbb{F}_{p^m})|}{m} p^{-ms}\right)$$
$$= \prod_{x \in |X|} (1 - N(x)^{-s})^{-1}$$
である．ここで，$|X|$ は X の閉点全体（ザリスキ位相に関して）であり，$N(x)$ は x における剰余体の元の個数である．

例をいくつか挙げよう．

(a) アフィンスキーム $\text{Spec}(A)$

$\mathbb{F}_p$ 上の有限生成可換環 A に対して $X = \text{Spec}(A)$ とおくと $|X| = \text{Specm}(A)$ で

あり
$$\zeta_{X/\mathbb{F}_p}(s) = \zeta_A(s)$$
となる．実際，
$$\zeta_{X/\mathbb{F}_p}(s) = \prod_{x \in |X|} (1 - N(x)^{-s})^{-1}$$
$$= \prod_{M \in \mathrm{Specm}(A)} (1 - N(M)^{-s})^{-1}$$
$$= \zeta_A(s)$$
となって，環のゼータ関数と一致する．

(b) n 次元アフィン空間 $\mathbb{A}^n$

$\mathbb{A}^n = \mathrm{Spec}(\mathbb{F}_p[T_1, \cdots, T_n])$ であり，
$$\zeta_{\mathbb{A}^n/\mathbb{F}_p}(s) = \zeta_{\mathbb{F}_p[T_1, \cdots, T_n]}(s)$$
$$= \zeta_{\mathbb{F}_p}(s - n)$$
となるのであるが，実際に計算してみると
$$\zeta_{\mathbb{A}^n/\mathbb{F}_p}(s) = \exp\left(\sum_{m=1}^{\infty} \frac{|\mathbb{A}^n(\mathbb{F}_{p^m})|}{m} p^{-ms}\right)$$
$$= \exp\left(\sum_{m=1}^{\infty} \frac{p^{mn}}{m} p^{-ms}\right)$$
$$= \frac{1}{1 - p^{n-s}}$$
$$= \zeta_{\mathbb{F}_p}(s - n)$$
となって $\zeta_{\mathbb{F}_p}(s)$ を n ずらしたものとわかる：$n = 1$ のときはコルンブルムの計算である．この計算も，最初は $\mathrm{Re}(s) > n$ で成立し（一般の X の場合も，絶対収束域は $\mathrm{Re}(s) > \dim(X)$ である），あとは解析接続によって，すべての複素数 s に対して成立するのである（適宜，この注意を略す）．関数等式は，計算すればわかる通り，
$$\zeta_{\mathbb{A}^n/\mathbb{F}_p}(2n - s) = -p^{n-s} \zeta_{\mathbb{A}^n/\mathbb{F}_p}(s)$$
である．

(c) N 次元射影空間 $\mathbb{P}^n$

である. 実際,

$$\zeta_{\mathbb{P}^n/\mathbb{F}_p}(s) = \zeta_{\mathbb{F}_p}(s)\zeta_{\mathbb{F}_p}(s-1)\cdots\zeta_{\mathbb{F}_p}(s-n)$$

$$\begin{aligned}
\zeta_{\mathbb{P}^n/\mathbb{F}_p}(s) &= \exp\left(\sum_{m=1}^{\infty}\frac{|\mathbb{P}^n(\mathbb{F}_{p^m})|}{m}p^{-ms}\right) \\
&= \exp\left(\sum_{m=1}^{\infty}\frac{p^{mn}+p^{m(n-1)}+\cdots+1}{m}p^{-ms}\right) \\
&= \frac{1}{(1-p^{n-s})(1-p^{n-1-s})\cdots(1-p^{-s})} \\
&= \zeta_{\mathbb{F}_p}(s-n)\zeta_{\mathbb{F}_p}(s-(n-1))\cdots\zeta_{\mathbb{F}_p}(s)
\end{aligned}$$

となる. 関数等式は, 計算するとすぐわかる通り,

$$\zeta_{\mathbb{P}^n/\mathbb{F}_p}(n-s) = (-1)^n p^{(n+1)(\frac{n}{2}-s)}\zeta_{\mathbb{P}^n/\mathbb{F}_p}(s)$$

である.

(d) **一般線形群** $GL(n)$

有限体 $\mathbb{F}_q$ に対して

$$|GL(n,\mathbb{F}_q)| = (q^n-1)(q^n-q)\cdots(q^n-q^{n-1})$$

であることに注意する. このことは, $\mathbb{F}_q$ 成分の n 次正方行列

$$X = (\boldsymbol{x}_1,\cdots,\boldsymbol{x}_n) \in M(n,\mathbb{F}_q)$$

に対して,

$$\begin{aligned}
X \in GL(n,\mathbb{F}_q) &\iff \{\boldsymbol{x}_1,\cdots,\boldsymbol{x}_n\} \text{ は } (\mathbb{F}_q)^n \text{ の基底} \\
&\iff \{\boldsymbol{x}_1,\cdots,\boldsymbol{x}_n\} \text{ は } \mathbb{F}_q \text{ 上線形独立} \\
&\iff \begin{cases} \boldsymbol{x}_1 \in (\mathbb{F}_q)^n \setminus \{\boldsymbol{0}\}, \\ \boldsymbol{x}_2 \in (\mathbb{F}_q)^n \setminus \langle\boldsymbol{x}_1\rangle, \\ \vdots \\ \boldsymbol{x}_n \in (\mathbb{F}_q)^n \setminus \langle\boldsymbol{x}_1,\cdots,\boldsymbol{x}_{n-1}\rangle \end{cases}
\end{aligned}$$

であることからわかる.

したがって,

$$|GL(n, \mathbb{F}_q)| = \sum_{k=0}^{n^2} a(n,k) q^k \in \mathbb{Z}[q]$$

として展開しておくと,

$$\zeta_{GL(n)/\mathbb{F}_p}(s) = \exp\left(\sum_{m=1}^{\infty} \frac{1}{m} \left(\sum_{k=0}^{n^2} a(n,k) p^{mk}\right) p^{-ms}\right)$$

$$= \prod_{k=0}^{n^2} (1 - p^{k-s})^{-a(n,k)}$$

$$= \prod_{k=0}^{n^2} \zeta_{\mathbb{F}_p}(s-k)^{a(n,k)}$$

となる. この計算は, さらに明確にすると

$$|GL(n, \mathbb{F}_q)| = q^{\frac{n(n-1)}{2}} (q-1)(q^2-1) \cdots (q^n-1)$$

$$= q^{\frac{n(n-1)}{2}} \sum_{I \subset \{1, \cdots, n\}} (-1)^{n-|I|} q^{||I||}$$

となることから,

$$\zeta_{GL(n)/\mathbb{F}_p}(s) = \prod_{I \subset \{1, \cdots, n\}} \left(1 - p^{||I|| + \frac{n(n-1)}{2} - s}\right)^{(-1)^{n+1-|I|}}$$

$$= \prod_{I \subset \{1, \cdots, n\}} \zeta_{\mathbb{F}_p}\left(s - ||I|| - \frac{n(n-1)}{2}\right)^{(-1)^{n-|I|}}$$

と書くことができる. ただし, $|I|$ は I の元の個数であり,

$$||I|| = \sum_{i \in I} i$$

である.

関数等式は, 計算するとすぐわかる通り,

$$\zeta_{GL(n)/\mathbb{F}_p}\left(\frac{n(3n-1)}{2} - s\right) = p^{-\delta(n)} \zeta_{GL(n)/\mathbb{F}_p}(s)^{(-1)^n}$$

である. ただし,

$$\delta(n) = \begin{cases} 1 & (n=1) \\ 0 & (n \geqq 2) \end{cases}$$

である．ちなみに
$$\frac{n(3n-1)}{2} = 1,\ 5,\ 12,\ \cdots$$
は五角数である．

たとえば，$n=1,2$ のとき，
$$\zeta_{GL(1)/\mathbb{F}_p}(s) = \frac{1-p^{-s}}{1-p^{1-s}}$$
$$= \frac{\zeta_{\mathbb{F}_p}(s-1)}{\zeta_{\mathbb{F}_p}(s)},$$
$$\zeta_{GL(2)/\mathbb{F}_p}(s) = \frac{(1-p^{3-s})(1-p^{2-s})}{(1-p^{4-s})(1-p^{1-s})}$$
$$= \frac{\zeta_{\mathbb{F}_p}(s-4)\zeta_{\mathbb{F}_p}(s-1)}{\zeta_{\mathbb{F}_p}(s-3)\zeta_{\mathbb{F}_p}(s-2)}$$

であり，関数等式は，計算するとすぐわかる通り，
$$\zeta_{GL(1)/\mathbb{F}_p}(1-s) = p^{-1}\zeta_{GL(1)/\mathbb{F}_p}(s)^{-1},$$
$$\zeta_{GL(2)/\mathbb{F}_p}(5-s) = \zeta_{GL(2)/\mathbb{F}_p}(s)$$
となる．

なお，$GL(1)$ は独特の記号として $\mathbb{G}_m$（この「m」は「乗法群，multiplicative group」の「m」である）と書くことが多いので注意されたい．

また，特殊線形群 $SL(n)$ のときも
$$|SL(n, \mathbb{F}_q)| = \frac{|GL(n, \mathbb{F}_q)|}{q-1}$$
$$= q^{\frac{n(n-1)}{2}}(q^2-1)\cdots(q^n-1)$$
から $GL(n)$ の場合と全く同様に計算できるので練習問題としてやっておいてほしい．

(e) 楕円曲線

E を $\mathbb{F}_p$ 上の楕円曲線とする．ここでは，射影空間 $\mathbb{P}^2$ 内での方程式
$$y^2 = [x \text{ の } 3 \text{ 次式}]$$
を満たす（正確には，その射影版）ものと考えておこう（$p=2$ などでは，そう書け

ないこともある).

すると,

$$\zeta_{E/\mathbb{F}_p}(s) = \frac{1 - cp^{-s} + p^{1-2s}}{(1-p^{-s})(1-p^{1-s})}$$
$$= (1 - cp^{-s} + p^{1-2s})\zeta_{\mathbb{P}^1/\mathbb{F}_p}(s),$$
$$c = p + 1 - |E(\mathbb{F}_p)|$$

と書くことができて,リーマン予想の類似

$$|c| \leqq 2\sqrt{p}$$

を満たすことまでハッセが証明した(1933 年).ただし,リーマン予想の類似とは

$$\zeta_{E/\mathbb{F}_p}(s) = 0 \Longrightarrow \mathrm{Re}(s) = \frac{1}{2}$$

であり,これは不等式

$$|c| \leqq 2\sqrt{p}$$

と同値であることがわかる.

なお,合同ゼータ関数に対しては,リーマン予想の類似が成立することがわかっている(ドリーニュ,1974 年).

4.3 自己同型のゼータ関数

合同ゼータ関数は,ある集合 Y の自己同型 γ($\gamma: Y \to Y$ は全単射写像)に対するゼータ関数とも考えることができる.そのゼータ関数は

$$\zeta_{(Y,\gamma)}(s) = \exp\left(\sum_{m=1}^{\infty} \frac{|\mathrm{Fix}(\gamma^m)|}{m} e^{-ms}\right)$$

と定義される.簡単に $\zeta_\gamma(s)$ と書くこともある.ここで,

$$\mathrm{Fix}(\gamma^m) = \{y \in Y \mid \gamma^m(y) = y\}$$

である.

X が $\mathbb{F}_p$ 上の(有限型)スキームのときの合同ゼータ関数は

$$\zeta_{X/\mathbb{F}_p}(s) = \exp\left(\sum_{m=1}^{\infty} \frac{|X(\mathbb{F}_{p^m})|}{m} p^{-ms}\right)$$

であったが，$Y = X(\overline{\mathbb{F}_p})$ とおき，$\gamma = \text{Frob}_p$（p 乗写像：$\gamma(y) = y^p$）とすると
$$X(\mathbb{F}_{p^m}) = \text{Fix}(\gamma^m)$$
であり，
$$\zeta_{X/\mathbb{F}_p}(s) = \zeta_{(Y,\gamma)}(s \log p)$$
となる．

ちなみに，右辺において $s \log p$ になっているのは
$$\zeta_{(Y,\gamma)}(s) = \exp\left(\sum_{m=1}^{\infty} \frac{|\text{Fix}(\gamma^m)|}{m} e^{-ms}\right)$$
と定義したからであり，
$$\begin{aligned}\zeta_{(Y,\gamma)}(s \log p) &= \exp\left(\sum_{m=1}^{\infty} \frac{|\text{Fix}(\gamma^m)|}{m} e^{-ms \log p}\right) \\ &= \exp\left(\sum_{m=1}^{\infty} \frac{|\text{Fix}(\gamma^m)|}{m} p^{-ms}\right) \\ &= \exp\left(\sum_{m=1}^{\infty} \frac{|X(\mathbb{F}_{p^m})|}{m} p^{-ms}\right) \\ &= \zeta_{X/\mathbb{F}_p}(s)\end{aligned}$$
となるのである．したがって，一般に $a > 1$ によって
$$\zeta_{(Y,\gamma)}^a(s) = \exp\left(\sum_{m=1}^{\infty} \frac{|\text{Fix}(\gamma^m)|}{m} a^{-ms}\right)$$
としておけば，上記の場合も
$$\zeta_{X/\mathbb{F}_p}(s) = \zeta_{(Y,\gamma)}^p(s)$$
という簡単な関係式になる．

また，$\zeta_{(Y,\gamma)}(s)$ は有向グラフ $G(Y)$ のゼータ関数にもなるので注意しておこう．ここで，$G(Y)$ は，Y の元を頂点，γ の作用を辺（つまり，$y_2 = \gamma(y_1)$ となるとき有向辺 $y_1 \xrightarrow{\gamma} y_2$）と見たグラフである．すると，
$$\zeta_{G(Y)}(s) = \prod_{P \in \text{Prim}(G(Y))} (1 - N(P)^{-s})^{-1}$$
とおいたとき，

$$\zeta_{(Y,\gamma)}(s) = \zeta_{G(Y)}(s)$$

となる．ただし，$\mathrm{Prim}(G(Y))$ は素な閉軌道であり，$N(P) = e^{l(p)}$（$l(p)$ は 1 辺の長さを 1 としたときの軌道の長さ）である．ここで，軌道は始点の位置のみ違うものは同じ軌道とみなし，「素」とは $m \geq 2$ に対して m 重巻きにはなっていないものである．あとで，簡単な場合に図示するので参照されたい．

合同ゼータ関数の研究において $\zeta_{(Y,\gamma)}(s)$ の計算は良い練習になるので，「線形代数」の問題を見ておこう．

● **問題** $\sigma \in S_n$ を n 次の置換とし，
$$\zeta_\sigma(s) = \zeta_{(\{1,\cdots,n\},\sigma)}(s)$$
$$= \exp\left(\sum_{m=1}^{\infty} \frac{|\mathrm{Fix}(\sigma^m)|}{m} e^{-ms}\right) \quad (\mathrm{Re}(s) > 0)$$

とおく．次が成立することを示せ．

(1) ［行列式表示］すべての複素数 s に対して
$$\zeta_\sigma(s) = \det(1 - M(\sigma)e^{-s})^{-1}.$$

ここで，$M(\sigma) = (\delta_{i\sigma(j)})_{i,j=1,\cdots,n}$ は置換行列であり，
$$\delta_{i\sigma(j)} = \begin{cases} 1 & (i = \sigma(j)) \\ 0 & (i \neq \sigma(j)) \end{cases}$$

はクロネッカーのデルタ記号である．

(2) ［関数等式］$\zeta_\sigma(-s) = \zeta_\sigma(s)(-1)^n \mathrm{sgn}(\sigma) e^{-ns}$.

(3) ［リーマン予想類似］$\zeta_\sigma(s) = \infty$ ならば $\mathrm{Re}(s) = 0$.

(4) ［オイラー積類似］σ を巡回置換の積 $\sigma = P_1 \cdots P_r$ に分解する．ただし，$P_1, \cdots, P_r$ には 1 から n の数字が 1 回だけ現れるようにする．つまり，$P_1, \cdots, P_r$ は σ の作用による軌道全体である．このとき，
$$\zeta_\sigma(s) = \prod_{i=1}^{r}(1 - N(P_i)^{-s})^{-1}$$

が成立する．ここで，P_i の長さを $l(P_i)$ としたとき，

$$N(P_i) = e^{l(P_i)}$$

とおく.

●解答

(1) 群準同型

$$M : S^n \longrightarrow GL(n, \mathbb{C})$$

により

$$M(\sigma)^m = M(\sigma^m)$$

となる.

さらに,「跡公式 (trace formula)」

$$\mathrm{tr}(M(\sigma)^m) = |\mathrm{Fix}(\sigma^m)|$$

が成立する. 実際,

$$\begin{aligned}
\mathrm{tr}(M(\sigma)^m) &= \mathrm{tr}(M(\sigma^m)) \\
&= \sum_{i=1}^{n} \delta_{i\sigma(i)} \\
&= |\{i = 1, \cdots, n \mid \delta_{i\sigma^m(i)} = 1\}| \\
&= |\{i = 1, \cdots, n \mid \sigma^m(i) = i\}| \\
&= |\mathrm{Fix}(\sigma^m)|
\end{aligned}$$

となって跡公式がわかる. この跡公式を用いると, $\mathrm{Re}(s) > 0$ において

$$\begin{aligned}
\zeta_\sigma(s) &= \exp\left(\sum_{m=1}^{\infty} \frac{|\mathrm{Fix}(\sigma^m)|}{m} e^{-ms}\right) \\
&= \exp\left(\sum_{m=1}^{\infty} \frac{\mathrm{tr}(M(\sigma)^m)}{m} e^{-ms}\right) \\
&= \det(1 - M(\sigma)e^{-s})^{-1}
\end{aligned}$$

となる. ただし, 最後の等式は, 実直交行列 $M(\sigma)$ を対角化して

$$P^{-1}M(\sigma)P = \begin{pmatrix} \alpha_1 & & 0 \\ & \ddots & \\ 0 & & \alpha_n \end{pmatrix}$$

としたとき，両辺を m 乗して

$$P^{-1}M(\sigma)^m P = \begin{pmatrix} \alpha_1^m & & 0 \\ & \ddots & \\ 0 & & \alpha_n^m \end{pmatrix}$$

より

$$\mathrm{tr}(M(\sigma)^m) = \mathrm{tr}(P^{-1}M(\sigma)^m P)$$
$$= \alpha_1^m + \cdots + \alpha_n^m$$

となるので，

$$\exp\left(\sum_{m=1}^{\infty} \frac{\mathrm{tr}(M(\sigma)^m)}{m} e^{-ms}\right) = \exp\left(\sum_{m=1}^{\infty} \frac{\alpha_1^m + \cdots + \alpha_n^m}{m} e^{-ms}\right)$$
$$= \frac{1}{(1-\alpha_1 e^{-s})\cdots(1-\alpha_n e^{-s})}$$
$$= \det(1-M(\sigma)e^{-s})^{-1}$$

となることに注意すればよい．この行列式表示は，すべての複素数 s への解析接続も与えている．

(2) 上の計算を用いると，

$$\zeta_\sigma(-s) = \det(1-M(\sigma)e^s)^{-1}$$
$$= \det((-M(\sigma)e^s)(1-M(\sigma)^{-1}e^{-s}))^{-1}$$
$$= \det(-M(\sigma)e^s)^{-1} \det(1-M(\sigma)^{-1}e^{-s})^{-1}$$

となるが，

$$\det(1-M(\sigma)^{-1}e^{-s}) = \det(1-{}^t M(\sigma)e^{-s}) \qquad [M(\sigma) \text{ は実直交行列}]$$
$$= \det(1-M(\sigma)e^{-s}),$$
$$\det(-M(\sigma)e^s) = (-1)^n \det(M(\sigma))e^{ns}$$
$$= (-1)^n \mathrm{sgn}(\sigma) e^{ns}$$

となることを用いて
$$\zeta_\sigma(-s) = \zeta_\sigma(s)(-1)^n \mathrm{sgn}(\sigma) e^{-ns}$$
を得る.

(3) まず,
$$\zeta_\sigma(s) = \infty \iff \det(1 - M(\sigma)e^{-s}) = 0$$
$$\iff e^s = \alpha \text{としたとき } \alpha \text{ は } M(\sigma) \text{ の固有値}$$
となるので
$$\zeta_\sigma(s) = \infty \implies e^s = \alpha$$
$$\implies |e^s| = |\alpha|$$
$$\implies e^{\mathrm{Re}(s)} = 1$$
$$\implies \mathrm{Re}(s) = 0$$
である. ここで,
$$|e^s| = e^{\mathrm{Re}(s)}$$
となることと, 実直交行列 (ユニタリ行列) $M(\sigma)$ の固有値 α は $|\alpha| = 1$ を満たすことを用いた.

(4) $\sigma = P_1 \cdots P_r$ において, 各 P_i を $S_{l(P_i)}$ の元と考えると
$$M(\sigma) \cong M(P_1) \oplus \cdots \oplus M(P_r)$$
となる. さらに
$$1 - N(P_i)^{-s} = 1 - e^{-l(P_i)s}$$
$$= \det(1 - M(P_i)e^{-s})$$
が成立する. ここで
$$M(P_i) \cong \begin{pmatrix} 0 & \cdots & 0 & 1 \\ 1 & \ddots & \vdots & 0 \\ & \ddots & 0 & \vdots \\ 0 & & 1 & 0 \end{pmatrix}$$
になることを使っている. よって,

$$\prod_{i=1}^{r}(1-N(P_i)^{-s})^{-1} = \prod_{i=1}^{r}\det(1-M(P_i)e^{-s})^{-1}$$
$$= \det(1-M(\sigma)e^{-s})^{-1}$$
$$= \zeta_\sigma(s)$$

となる. Q.E.D.

[例] 9次の置換の一つを

$$\sigma = \begin{pmatrix} 1 & 2 & 3 & 4 & 5 & 6 & 7 & 8 & 9 \\ 2 & 3 & 1 & 5 & 6 & 4 & 8 & 7 & 9 \end{pmatrix} \in S_9$$

とすると, $\sigma = P_1 P_2 P_3 P_4$,

$P_1 = (1\ 2\ 3)$, $P_2 = (4\ 5\ 6)$, $P_3 = (7\ 8)$, $P_4 = (9)$

であり,

$$M(\sigma) = \begin{pmatrix} \begin{matrix} 0 & 0 & 1 \\ 1 & 0 & 0 \\ 0 & 1 & 0 \end{matrix} & 0 & 0 & 0 \\ 0 & \begin{matrix} 0 & 0 & 1 \\ 1 & 0 & 0 \\ 0 & 1 & 0 \end{matrix} & 0 & 0 \\ 0 & 0 & \begin{matrix} 0 & 1 \\ 1 & 0 \end{matrix} & 0 \\ 0 & 0 & 0 & 1 \end{pmatrix},$$

$$\zeta_\sigma(s) = (1-e^{-3s})^{-2}(1-e^{-2s})^{-1}(1-e^{-s})^{-1}$$

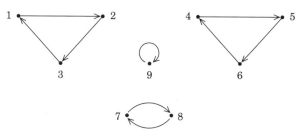

図 4.1 $G(\{1,\cdots,9\})$

となる（図 4.1）.

4.4　合同ゼータ関数の行列式表示

X を有限体 $\mathbb{F}_p$ 上の射影的非特異スキームとしたときの合同ゼータ関数 $\zeta_{X/\mathbb{F}_p}(s)$ の行列式表示と関数等式は 1965 年にグロタンディーク（SGA5）が証明した．

●**定理 4.1（グロタンディーク，1965 年）** X を有限体 $\mathbb{F}_p$ 上の射影的非特異スキームとすると行列式表示

$$\zeta_{X/\mathbb{F}_p}(s) = \prod_{k=0}^{2\dim(X)} \det(1 - p^{-s}\mathrm{Frob}_p | H^k(\overline{X}))^{(-1)^{k+1}}$$

が成立する．ここで，Frob_p はフロベニウス（p 乗）作用素，$H^k(\overline{X}) = H^k_{et}(X \underset{\mathbb{F}_p}{\otimes} \overline{\mathbb{F}_p}, \mathbb{Q}_l)$ は l 進エタールコホモロジー（l は素数，$l \neq p$）である．とくに $\zeta_{X/\mathbb{F}_p}(s)$ は p^{-s} の有理関数であり，s の有理型関数である．さらに，関数等式 $s \longleftrightarrow \dim(X) - s$ を満たす．

●**証明方針**　4.3 節の問題と同様である．跡公式は

$$|\mathrm{Fix}(\mathrm{Frob}_p^m)| = \sum_{k=0}^{2\dim(X)} (-1)^k \mathrm{tr}(\mathrm{Frob}_p^m | H^k(\overline{X}))$$

となり（左辺は $|X(\mathbb{F}_{p^m})|$ に他ならない），行列式表示が導かれる．見やすくするために，

$$A_k = \mathrm{Frob}_p | H^k(\overline{X}) \qquad (k = 0, \cdots, 2\dim(X))$$

とおくと，行列式表示の等式は

$$\exp\left(\sum_{m=1}^{\infty} \frac{\sum_{k=0}^{2\dim(X)} (-1)^k \mathrm{tr}(A_k^m)}{m} p^{-ms}\right) = \prod_{k=0}^{2\dim(X)} \det(1 - A_k p^{-s})^{(-1)^{k+1}}$$

であり，A_k を上三角化すれば 4.3 節と全く同様である．また，関数等式 $s \longleftrightarrow \dim(X) - s$ はポアンカレ双対性

$$H^k(\overline{X}) \longleftrightarrow H^{2\dim(X)-k}(\overline{X})$$

から従う. Q.E.D.

[例] E が $\mathbb{F}_p$ 上の楕円曲線のとき
$$\dim H^0 = \dim H^2 = 1, \qquad \dim H^1 = 2$$
であり,
$$\zeta_{E/\mathbb{F}_p}(s) = \frac{1 - cp^{-s} + p^{1-2s}}{(1-p^{-s})(1-p^{1-s})}$$
において

- $\mathrm{Frob}_p | H^0$ の固有値は 1,
- $\mathrm{Frob}_p | H^2$ の固有値は p,
- $\mathrm{Frob}_p | H^1$ の固有値を α, β とすると, $\alpha\beta = p, \alpha + \beta = c$

である.

4.5 合同ゼータ関数のリーマン予想

X を有限体 $\mathbb{F}_p$ 上の射影的非特異スキームとしたときの合同ゼータ関数 $\zeta_{X/\mathbb{F}_p}(s)$ に対するリーマン予想は 1974 年にドリーニュが証明した.

定理 4.2（ドリーニュ，1974 年） X を $\mathbb{F}_p$ 上の射影的非特異スキームとしたとき
$$\zeta_{X/\mathbb{F}_p}(s) \text{ の} \begin{cases} \text{零点 } s \text{ は } \mathrm{Re}(s) = \frac{1}{2}, \frac{3}{2}, \cdots, \dim(X) - \frac{1}{2} \\ \text{極 } s \text{ は } \mathrm{Re}(s) = 0, 1, \cdots, \dim(X) \end{cases}$$
を満たす.

●**証明方針** グロタンディークによる行列式表示から, $\mathrm{Frob}_p | H^k(\overline{X})$ の固有値 α に対して $|\alpha| = p^{\frac{k}{2}}$ が成り立つことを示せば良いことがわかる. ドリーニュは $|\alpha| = p^{\frac{k}{2}}$ を示すために, 各 $m \geqq 1$ に対して, α^m が $\mathrm{Frob}_p | H^{mk}(\overline{X}^{\otimes m})$ の固有値となることから不等式
$$p^{\frac{mk}{2} - \frac{1}{2}} \leqq |\alpha^m| \leqq p^{\frac{mk}{2} + \frac{1}{2}}$$

を示した．m 乗根をとることにより

$$p^{\frac{k}{2}-\frac{1}{2m}} \leqq |\alpha| \leqq p^{\frac{k}{2}+\frac{1}{2m}} \quad (m=1,2,\cdots)$$

となるので，$m \to \infty$ として

$$|\alpha| = p^{\frac{k}{2}}$$

を得る． Q.E.D.

4.6 絶対ゼータ関数

$\mathbb{Z}$ 上の代数的集合 X に対して，合同ゼータ関数

$$\zeta_{X/\mathbb{F}_p}(s) = \exp\left(\sum_{m=1}^{\infty} \frac{|X(\mathbb{F}_{p^m})|}{m} p^{-ms}\right)$$

の "$p \to 1$" の極限が存在する場合があり，それを（素朴な）絶対ゼータ関数と呼び，$\zeta_{X/\mathbb{F}_1}(s)$ と書く．このような絶対ゼータ関数の導入はスーレ（2004 年）が始めた．これは，たとえば

$$\begin{cases} X = GL(1)^n = \mathbb{G}_m^n & (n \geqq 1), \\ X = GL(n) & (n \geqq 1), \\ X = SL(n) & (n \geqq 2) \end{cases}$$

などのときにそうなっている．実際に計算してみよう．

(A) $\mathbb{G}_m^n$ の場合

$$|\mathbb{G}_m^n(\mathbb{F}_q)| = (q-1)^m$$

であるから，

$$\begin{aligned}
\zeta_{\mathbb{G}_m^n/\mathbb{F}_p}(s) &= \exp\left(\sum_{m=1}^{\infty} \frac{(p^m-1)^n}{m} p^{-ms}\right) \\
&= \exp\left(\sum_{m=1}^{\infty} \frac{1}{m} \left(\sum_{k=0}^{n} (-1)^{n-k} \binom{n}{k} p^{mk}\right) p^{-ms}\right) \\
&= \prod_{k=0}^{n} (1-p^{k-s})^{(-1)^{n+1-k}\binom{n}{k}} \\
&= \prod_{k=0}^{n} [s-k]_{p^{-1}}^{(-1)^{n+1-k}\binom{n}{k}}
\end{aligned}$$

となる．ここで，$0 < q < 1$ に対して
$$[x]_q = \frac{1-q^x}{1-q}$$
であり，
$$\sum_{k=0}^{n}(-1)^{n+1-k}\binom{n}{k} = 0$$
を用いている．よって，
$$\lim_{q \to 1}[x]_q = x$$
となることから，
$$\lim_{p \to 1}\zeta_{\mathbb{G}_m^n/\mathbb{F}_p}(s) = \prod_{k=0}^{n}(s-k)^{(-1)^{n+1-k}\binom{n}{k}}$$
となる．これが $\zeta_{\mathbb{G}_m^n/\mathbb{F}_1}(s)$ である．

関数等式は
$$\zeta_{\mathbb{G}_m^n/\mathbb{F}_1}(n-s) = \zeta_{\mathbb{G}_m^n/\mathbb{F}_1}(s)^{(-1)^n}$$
である．実際，
$$\zeta_{\mathbb{G}_m^n/\mathbb{F}_1}(s) = \prod_{k=0}^{n}(s-k)^{(-1)^{n+1-k}\binom{n}{k}}$$
より
$$\zeta_{\mathbb{G}_m^n/\mathbb{F}_1}(n-s) = \prod_{k=0}^{n}(n-s-k)^{(-1)^{n+1-k}\binom{n}{k}}$$
となるが，
$$\sum_{k=0}^{n}(-1)^{n+1-k}\binom{n}{k} = 0$$
より
$$\zeta_{\mathbb{G}_m^n/\mathbb{F}_1}(n-s) = \prod_{k=0}^{n}(s-(n-k))^{(-1)^{n+1-k}\binom{n}{k}}$$
となるので，k を $n-k$ におきかえて
$$\binom{n}{n-k} = \binom{n}{k}$$

を使うと

$$\zeta_{\mathbb{G}_m^n/\mathbb{F}_1}(n-s) = \prod_{k=0}^n (s-k)^{(-1)^{k+1}\binom{n}{k}}$$
$$= \zeta_{\mathbb{G}_m^n/\mathbb{F}_1}(s)^{(-1)^n}$$

と関数等式が示される.

(B) $GL(n)$ の場合

$$\zeta_{GL(n)/\mathbb{F}_p}(s) = \prod_{I \subset \{1,\cdots,n\}} \left(1 - p^{||I|| + \frac{n(n-1)}{2} - s}\right)^{(-1)^{n+1-|I|}}$$

であった (4.2 節) ので,

$$\sum_{I \subset \{1,\cdots,n\}} (-1)^{|I|} = 0$$

を用いると

$$\zeta_{GL(n)/\mathbb{F}_p}(s) = \prod_{I \subset \{1,\cdots,n\}} \left[s - ||I|| - \frac{n(n-1)}{2}\right]_{p^{-1}}^{(-1)^{n+1-|I|}}$$

となるので, "$p \to 1$" として

$$\zeta_{GL(n)/\mathbb{F}_1}(s) = \prod_{I \subset \{1,\cdots,n\}} \left(s - ||I|| - \frac{n(n-1)}{2}\right)^{(-1)^{n+1-|I|}}$$

となる. 関数等式は

$$\zeta_{GL(n)/\mathbb{F}_1}\left(\frac{n(3n-1)}{2} - s\right) = \zeta_{GL(n)/\mathbb{F}_1}(s)^{(-1)^n}$$

である.

(C) $SL(n)$ の場合

$$\zeta_{SL(n)/\mathbb{F}_p}(s) = \prod_{I \subset \{2,\cdots,n\}} \left(1 - p^{||I|| + \frac{n(n-1)}{2} - s}\right)^{(-1)^{n-|I|}}$$

となるので,

$$\sum_{I \subset \{2,\cdots,n\}} (-1)^{|I|} = 0$$

を用いると

$$\zeta_{SL(n)/\mathbb{F}_p}(s) = \prod_{I \subset \{2,\cdots,n\}} \left[s - ||I|| - \frac{n(n-1)}{2} \right]_{p^{-1}}^{(-1)^{n-|I|}}$$

である．したがって，"$p \to 1$" として

$$\zeta_{SL(n)/\mathbb{F}_1}(s) = \prod_{I \subset \{2,\cdots,n\}} \left(s - ||I|| - \frac{n(n-1)}{2} \right)^{(-1)^{n-|I|}}$$

と求まる．関数等式は

$$\zeta_{SL(n)/\mathbb{F}_1}\left(\frac{n(3n-1)}{2} - 1 - s \right) = \zeta_{SL(n)/\mathbb{F}_1}(s)^{(-1)^{n-1}}$$

である．

合同ゼータ関数から絶対ゼータ関数への移行を振り返っておこう．合同ゼータ関数は，上記の例（A）（B）（C）の場合などのように，

$$\zeta_{X/\mathbb{F}_p}(s) = \exp\left(\frac{\log p}{1-p^{-1}} \int_1^\infty \frac{f_X(x) x^{-s-1}}{\log x} d_p x \right)$$

というジャクソン積分によって書くことができることに注目する．ここで，$f_X(x)$ は

$$f_X(x) = |X(\mathbb{F}_x)|$$

である「個数関数」（少なくとも $x = p^m$ ではそう決まる）．ただし，ジャクソン積分は

$$\int_1^\infty f(x) d_p x = \sum_{m=1}^\infty f(p^m)(p^m - p^{m-1})$$

と定める．

実際，

$$\begin{aligned}
\int_1^\infty \frac{f_X(x) x^{-s-1}}{\log x} d_p x &= \sum_{m=1}^\infty \frac{f_X(p^m)(p^m)^{-s-1}}{\log(p^m)}(p^m - p^{m-1}) \\
&= \frac{1-p^{-1}}{\log p} \sum_{m=1}^\infty \frac{f_X(p^m)}{m} p^{-ms} \\
&= \frac{1-p^{-1}}{\log p} \sum_{m=1}^\infty \frac{|X(\mathbb{F}_{p^m})|}{m} p^{-ms}
\end{aligned}$$

であるから，

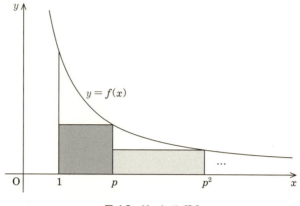

図 4.2 ジャクソン積分

$$\exp\left(\frac{\log p}{1-p^{-1}}\int_1^\infty \frac{f_X(x)x^{-s-1}}{\log x}d_p x\right) = \exp\left(\sum_{m=1}^\infty \frac{|X(\mathbb{F}_{p^m})|}{m}p^{-ms}\right)$$
$$= \zeta_{X/\mathbb{F}_p}(s)$$

となる.

ジャクソン積分は,その構成から,$p \to 1$ のときには基本的にリーマン積分に行くと期待されるため,

$$\lim_{p\to 1}\zeta_{X/\mathbb{F}_p}(s) = \exp\left(\lim_{p\to 1}\int_1^\infty \frac{f_X(x)x^{-s-1}}{\log x}d_p x\right)$$
$$= \exp\left(\int_1^\infty \frac{f_X(x)x^{-s-1}}{\log x}d_1 x\right)$$

と考え,$\zeta_{X/\mathbb{F}_1}(s)$ と書くのである:

$$\zeta_{X/\mathbb{F}_1}(s) = \lim_{p\to 1}\zeta_{X/\mathbb{F}_p}(s)$$
$$= \exp\left(\int_1^\infty \frac{f_X(x)x^{-s-1}}{\log x}dx\right).$$

実は,これは一般には発散積分となることもあり,正規化が必要なのであるが,$f_X(x)$ が多項式で $f_X(1) = 0$ [これは X のオイラー標数が 0 であることに対応する:$f_X(1) = |X(\mathbb{F}_1)|$] のときにはうまく収束している.例の (A) (B) (C) はそのよ

うな場合であった．

一般的な絶対ゼータ関数は，変換公式

$$f\left(\frac{1}{x}\right) = Cx^{-D}f(x)$$

を満たす $f: \mathbb{R}_{>0} \to \mathbb{C}$ から

$$\zeta_f(x) = \exp\left(\left.\frac{\partial}{\partial w}Z_f(w,s)\right|_{w=0}\right)$$

$$Z_f(w,s) = \frac{1}{\Gamma(w)}\int_1^\infty f(x)x^{-s-1}(\log x)^{w-1}dx$$

と構成される．詳しくは

黒川信重『絶対ゼータ関数論』岩波書店，2016 年

を読まれたい．そのような $f(x)$ は絶対保型形式と呼ばれている．先の（A）（B）（C）の例は，絶対保型形式からの一般的な構成からも得られる．ここで，

(A) $f_{\mathbb{G}_m^n}(x) = (x-1)^n$,

(B) $f_{GL(n)}(x) = x^{\frac{n(n-1)}{2}}(x-1)(x^2-1)\cdots(x^n-1)$,

(C) $f_{SL(n)}(x) = x^{\frac{n(n-1)}{2}}(x^2-1)\cdots(x^n-1)$

であって，変換公式は

(A) $f_{\mathbb{G}_m^n}\left(\frac{1}{x}\right) = (-1)^n x^{-n} f_{\mathbb{G}_m^n}(x)$,

(B) $f_{GL(n)}\left(\frac{1}{x}\right) = (-1)^n x^{-\frac{n(3n-1)}{2}} f_{GL(n)}(x)$,

(C) $f_{SL(n)}\left(\frac{1}{x}\right) = (-1)^{n-1} x^{-\left(\frac{n(3n-1)}{2}-1\right)} f_{SL(n)}(x)$

である．素朴な $\lim_{p\to 1}\zeta_{X/\mathbb{F}_p}(s)$ という方法では得られない例もいくつか結果のみ挙げておこう．

(D) $\mathbb{A}^n$ の場合

$$f_{\mathbb{A}^n}(x) = x^n,$$

$$f_{\mathbb{A}^n}\left(\frac{1}{x}\right) = x^{-2n}f_{\mathbb{A}^n}(x),$$

$$\zeta_{\mathbb{A}^n/\mathbb{F}_1}(s) = \zeta_{f_{\mathbb{A}^n}}(s) = \frac{1}{s-n},$$
$$\zeta_{\mathbb{A}^n/\mathbb{F}_1}(2n-s) = -\zeta_{\mathbb{A}^n/\mathbb{F}_1}(s).$$

(E) $\mathbb{P}^n$ の場合

$$f_{\mathbb{P}^n}(x) = x^n + x^{n-1} + \cdots + 1,$$
$$f_{\mathbb{P}^n}\left(\frac{1}{x}\right) = x^{-n} f_{\mathbb{P}^n}(x),$$
$$\zeta_{\mathbb{P}^n/\mathbb{F}_1}(s) = \zeta_{f_{\mathbb{P}^n}}(s) = \frac{1}{(s-n)\cdots(s-1)s},$$
$$\zeta_{\mathbb{P}^n/\mathbb{F}_1}(n-s) = (-1)^n \zeta_{\mathbb{P}^n/\mathbb{F}_1}(s).$$

(F) 1点の場合（$\mathbb{A}^0$）

$$f_{\mathbb{F}_1}(x) = 1,$$
$$f_{\mathbb{F}_1}\left(\frac{1}{x}\right) = f_{\mathbb{F}_1}(x),$$
$$\zeta_{\mathbb{F}_1}(s) = \frac{1}{s},$$
$$\zeta_{\mathbb{F}_1}(-s) = -\zeta_{\mathbb{F}_1}(s).$$

(G) $\check{\mathbb{P}}^\infty$ の場合（マニンの例）

$$f_{\check{\mathbb{P}}^\infty}(x) = \frac{1}{1-x^{-1}} = \frac{x}{x-1},$$
$$f_{\check{\mathbb{P}}^\infty}\left(\frac{1}{x}\right) = -x^{-1} f_{\check{\mathbb{P}}^\infty}(x),$$
$$\zeta_{\check{\mathbb{P}}^\infty/\mathbb{F}_1}(s) = \Gamma_1(s) = \frac{\Gamma(s)}{\sqrt{2\pi}},$$
$$\zeta_{\check{\mathbb{P}}^\infty/\mathbb{F}_1}(1-s) = \zeta_{\check{\mathbb{P}}^\infty/\mathbb{F}_1}(s)^{-1}(2\sin\pi s)^{-1}.$$

なお，合同ゼータ関数（次元は ∞）は

$$\zeta_{\check{\mathbb{P}}^\infty/\mathbb{F}_p}(s) = \prod_{k=0}^{\infty} \zeta_{\mathbb{F}_p}(s+k).$$

(H) r 重ガンマ関数（$r \geqq 1$；$r = 1$ は（G）と一致）

$$f_r(x) = \frac{1}{(1-x^{-1})^r} = \left(\frac{x}{x-1}\right)^r = f_{\check{\mathbb{P}}^\infty}(x)^r,$$

$$f_r\left(\frac{1}{x}\right) = (-1)^r x^{-r} f_r(x),$$

$$\zeta_{f_r}(s) = \Gamma_r(s),$$

$$\zeta_{f_r}(r-s) = \zeta_{f_r}(s)^{(-1)^r} S_r(s)^{(-1)^r}.$$

ここで，$\Gamma_r(s)$ は r 重ガンマ関数，$S_r(s)$ は r 重三角関数であり，どちらも周期 $(\underbrace{1,1,\cdots,1}_{r\text{ 個}})$ の場合である．

絶対ゼータ関数について一言追記しておくと，2.8 節に書いたとおり，オイラーが 1774 年 10 月～1776 年 8 月のいくつかの論文にて絶対ゼータ関数を研究していたことが最近発見された．その発見者による報告は

　　黒川信重「オイラーのゼータ関数論」
　　『現代数学』2017 年 4 月号～2018 年 3 月号

を読まれたい．

4.7　環と空間

合同ゼータ関数はいろいろな捉え方ができるのが特徴であり，深い研究が成されてきた．その根本は「環と空間の対応」にある．つまり，数の世界と図形の世界の対応である．

可換環 A（単位元 $1 = 1_A$ を持つものを考える）に対して

$$\mathrm{Spec}(A) = \{I \subsetneq A \mid I \text{ は素イデアル }\}$$
$$\cup$$
$$\mathrm{Specm}(A) = \{I \subsetneq A \mid I \text{ は極大イデアル }\}$$

とおく．$\mathrm{Spec}(A)$ は A のスペクトル，$\mathrm{Specm}(A)$ は A の極大スペクトルと呼ばれる．

念のため，素イデアルと極大イデアルは次のように言い換えられることも思い出しておこう：$I \subsetneq A$ というイデアル I に対して

$$\begin{cases} I \text{ が素イデアル} \iff A/I \text{ は整域}, \\ I \text{ が極大イデアル} \iff A/I \text{ は体}. \end{cases}$$

簡単な例を挙げておこう．

[例1]　$A = \mathbb{Z}$ のとき

$$\mathrm{Spec}(\mathbb{Z}) = \{(0), (2), (3), (5), (7), (11), \cdots\}$$
$$\cup$$
$$\mathrm{Specm}(\mathbb{Z}) = \{(2), (3), (5), (7), (11), \cdots\}.$$

[例2]　$A = \mathbb{F}_p$ のとき

$$\mathrm{Spec}(\mathbb{F}_p) = \{(0)\}$$
$$\cup$$
$$\mathrm{Specm}(\mathbb{F}_p) = \{(0)\}.$$

[例3]　$A = \mathbb{Z}/(10)$ のとき

$$\mathrm{Spec}(\mathbb{Z}/(10)) = \{(2), (5)\}$$
$$\cup$$
$$\mathrm{Specm}(\mathbb{Z}/(10)) = \{(2), (5)\}.$$

[例4]　$A = \mathbb{C}[T]$ のとき

$$\mathrm{Spec}(\mathbb{C}[T]) = \{(T - \alpha) \mid \alpha \in \mathbb{C}\} \cup \{(0)\}$$
$$\cup$$
$$\mathrm{Specm}(\mathbb{C}[T]) = \{(T - \alpha) \mid \alpha \in \mathbb{C}\}.$$

定理 4.3　可換環 A に対して $\mathrm{Specm}(A) \neq \phi$．とくに，$\mathrm{Spec}(A) \neq \phi$．

●証明スケッチ　一般に

$$I \subsetneq A \text{ に対して } I \subset J \subsetneq A \text{ となる極大イデアル } J \text{ が存在する} \tag{4.1}$$

を示せばよい．すると，$I = \{0\} = (0)$ のときに (4.1) を使えば極大イデアルが1個は存在すること，つまり，$\mathrm{Specm}(A) \neq \phi$ がわかる．

(4.1) の証明は，選択公理あるいはツォルンの補題を用いる．いま，$I \subsetneq A$ に対して

$$\mathbb{I} = \{J \mid I \subset J \subsetneq A\}$$

とおいて $\mathbb{I}$ が空でない帰納的順序集合となることを示す．すると，選択公理・ツォルンの補題により $\mathbb{I}$ には極大元 J_* が存在するので，J_* が (4.1) で求めるものとなる．

$\mathbb{I}$ が空でない帰納的順序集合となることを見ておこう．まず $I \in \mathbb{I}$ より，$\mathbb{I}$ は空ではない．さらに $\mathbb{I}$ の順序は

$$J_1 \leqq J_2 \iff J_1 \subset J_2$$

によって定める．$\mathbb{I}$ が帰納的順序集合とは，$\mathbb{I}$ の任意の全順序部分集合 $\{J_\lambda \mid \lambda \in \Lambda\}$ が上に有界であることである．つまり，$J_\lambda \subset J_0$ がすべての J_λ に対して成立するような $J_0 \in \mathbb{I}$ が，存在するということである．そのためには，$J_0 = \bigcup_{\lambda \in \Lambda} J_\lambda$ とおけばよいことがわかる． Q.E.D.

次に，$\mathrm{Spec}(A) \supset \mathrm{Specm}(A)$ に位相を入れる．これはザリスキ位相と呼ばれることが多い（ストーン，ジャコブソンが前でありザリスキが最初ではない）．

$X = \mathrm{Spec}(A)$ とおこう．位相を入れるには，X の閉集合系（閉集合全体）を定めればよい．それを

$$\mathbb{V} = \{V(I) \mid I \subset A \text{ イデアル }\}$$

と定める．ここで，

$$V(I) = \{J \in X \mid J \supset I\}$$

である [$\mathrm{Specm}(A)$ の位相は $\mathrm{Spec}(A)$ の位相を制限すればよい．あるいは $X = \mathrm{Specm}(A)$ として，ここでの話をもう一度行う]．

● **定理 4.4** $\mathbb{V}$ は閉集合系の条件を満たす．

● **証明** 示すべきは，次の3つである．
(1) X, ϕ が $\mathbb{V}$ に属する，
(2) $V(I_1) \cup \cdots \cup V(I_n)$ が $\mathbb{V}$ に属する，
(3) $\bigcap_{\lambda \in \Lambda} V(I_\lambda)$ が $\mathbb{V}$ に属する．

これは
(1*) $X = V((0))$, $\phi = V(A)$,

(2*) $V(I_1) \cup \cdots \cup V(I_n) = V(I_1 \cap \cdots \cap I_n)$,

(3*) $\bigcap_{\lambda \in \Lambda} V(I_\lambda) = V\left(\sum_{\lambda \in \Lambda} I_\lambda\right)$

を示すことに帰着する. ただし,

$$\sum_{\lambda \in \Lambda} I_\lambda = \left\{\sum_{\lambda \in \Lambda} a_\lambda \;\middle|\; a_\lambda \in I_\lambda, \text{有限個の } \lambda \text{ を除いて } a_\lambda = 0\right\}$$

である.

まず, (1*) は

$$V((0)) = \{J \in X \mid J \supset (0)\} = X,$$
$$V(A) = \{J \in X \mid J \supset A\} = \phi$$

よりわかる.

(2*) では

「$J \supset I_j$ となる j が存在 $\Longleftrightarrow J \supset I_1 \cap \cdots \cap I_n$」

を示せば良い. ($\Longrightarrow$) は自明. ($\Longleftarrow$) は対偶

「$J \not\supset I_1, \cdots, I_n$ ならば $J \not\supset I_1 \cap \cdots \cap I_n$」

によって示す. 各 $j = 1, \cdots, n$ に対して

$$a_j \in I_j, \qquad a_j \notin J$$

となる a_j をとる. すると

$$a_1 \cdots a_n \in I_1 \cap \cdots \cap I_n,$$
$$a_1 \cdots a_n \notin J \quad [J \text{ が素イデアルより}]$$

となるので, $J \not\supset I_1 \cap \cdots \cap I_n$ がわかる.

おわりに (3*) は

$$J \in \bigcap_{\lambda \in \Lambda} V(I_\lambda) \Longleftrightarrow J \in V(I_\lambda) \text{ がすべての } \lambda \in \Lambda \text{ に対して成立}$$
$$\Longleftrightarrow J \supset I_\lambda \text{ がすべての } \lambda \in \Lambda \text{ に対して成立}$$
$$\Longleftrightarrow J \supset \sum_\lambda I_\lambda$$
$$\Longleftrightarrow J \in V\left(\sum_\lambda I_\lambda\right)$$

より

$$\bigcap_{\lambda \in \Lambda} V(I_\lambda) = V\left(\sum_\lambda I_\lambda\right)$$

がわかる. Q.E.D.

定理 4.5 $\mathrm{Spec}(R)$ および $\mathrm{Specm}(R)$ はコンパクト位相空間であり, $\mathrm{Specm}(R)$ は $\mathrm{Spec}(R)$ の閉点全体である.

証明 「コンパクト」とは, 閉集合系 $\mathbb{V}$ の言葉で言うと

「$\bigcap_{\lambda \in \Lambda} V_\lambda = \phi$ なら $V_{\lambda_1} \cap \cdots \cap V_{\lambda_n} = \phi$ となる $V_{\lambda_1}, \cdots, V_{\lambda_n}$ が存在する」

となる. そこで, $V_\lambda = V(I_\lambda)$ と書いておくと

$$\bigcap_{\lambda \in \Lambda} V_\lambda = V\left(\sum_{\lambda \in \Lambda} I_\lambda\right) \quad \text{(定理 4.4 の証明参照)}$$

より

$$\bigcap_{\lambda \in \Lambda} V_\lambda = \phi \iff V\left(\sum_\lambda I_\lambda\right) = \phi$$
$$\iff \sum_\lambda I_\lambda = A \quad \text{(定理 4.4 の証明参照)}$$
$$\iff 1 \in \sum_\lambda I_\lambda$$
$$\iff 1 = a_1 + \cdots + a_n \text{ となる } a_j \in I_{\lambda_j} \ (j = 1, \cdots, n) \text{ が存在}$$

となるので,

$$V(I_{\lambda_1}) \cap \cdots \cap V(I_{\lambda_n}) = V\left(\sum_j I_{\lambda_j}\right)$$
$$= V(A)$$
$$= \phi$$

を得る. よって, X はコンパクトである.

次に, $P \in \mathrm{Spec}(A)$ に対して P が閉点であることは $P \in \mathrm{Specm}(A)$ と同値であることを示そう. P が閉点とは $\{P\}$ が閉集合のこと, つまり

$$\overline{\{P\}} = \{P\}$$

のときである. ここで, 閉集合系の言葉で書くと

のことであり，

$$\overline{\{P\}} = \underset{I \subset P}{\cap} V(I)$$
$$= V\left(\underset{I \subset P}{\sum} I\right)$$
$$= V(P)$$
$$= \{J \in X \mid J \supset P\}$$

となる．ここで，もし，P が極大イデアルなら $V(P) = \{P\}$ であり，極大イデアルでなければ $V(P) \supsetneq \{P\}$ である．したがって，

$$\overline{\{P\}} = \{P\} \iff P \in \mathrm{Specm}(A)$$

がわかる． Q.E.D.

[例] 以下の場合の閉集合はいずれも「有限集合あるいは全体」となっている．（なお,「コンパクト」では「ハウスドルフ性（分離性）」は仮定していない.）

- $\mathrm{Spec}(\mathbb{C}^n) = \mathrm{Specm}(\mathbb{C}^n) = \{M_1, \cdots, M_n\}$,
  M_j は「j 成分は 0（他は任意）」の極大イデアル．

- $\mathrm{Spec}(\mathbb{C}[T]) = \mathrm{Specm}(\mathbb{C}[T]) \cup \{(0)\}$
  $\cup$
  $\mathrm{Specm}(\mathbb{C}[T]) = \{(T-\alpha) \mid \alpha \in \mathbb{C}\}$
  $\updownarrow$ 1:1
  $\mathbb{C} = \{\alpha \mid \alpha \in \mathbb{C}\}$
  $\mathrm{Specm}(\mathbb{C}[T])$ の位相は $\mathbb{C}$ の通常の位相とは全く違う．

- ヒルベルトの零点定理
  $\mathrm{Specm}(\mathbb{C}[T_1, \cdots, T_n]) = \{(T-\alpha_1, \cdots, T_n - \alpha_n) \mid (\alpha_1, \cdots, \alpha_n) \in \mathbb{C}^n\}$
  $\updownarrow$ 1:1
  $\mathbb{C}^n$
  $\mathrm{Specm}(\mathbb{C}[T_1, \cdots, T_n])$ の位相は $\mathbb{C}^n$ の通常の位相とは全く違う．

スキームはアフィンスキーム $\mathrm{Spec}(A)$ を張り合わせたものである．次の定理はスキーム理論に一つの動機を与えたものである．

> **定理 4.6（ゲルファント–シロフの定理，1940 年頃）** X をコンパクト・ハウスドルフ空間とし，$C(X)$ を X 上の複素数値連続関数全体の環とする．このとき，$\mathrm{Specm}(C(X))$ は X と同相である．

● 証明スケッチ　まず，写像
$$\Phi: X \longrightarrow \mathrm{Specm}(C(X))$$
を次の通り作る：各 $a \in X$ に対して
$$\Phi(a) = \{f \in C(X) \mid f(a) = 0\},$$
つまり，$\Phi(a)$ は a を零点に持つ関数全体である．すると
$$\Phi(a) = \mathrm{Ker}(\varphi: C(X) \longrightarrow \mathbb{C})$$
$$\cup \qquad\qquad \cup$$
$$f \longmapsto f(a)$$
であり，環の準同型定理により
$$A/\Phi(a) \cong \mathrm{Im}(\varphi) = \mathbb{C}$$
が体となることから
$$\Phi(a) \in \mathrm{Specm}(C(X))$$
とわかる．

あとは，
$$\Phi: X \longrightarrow \mathrm{Specm}(C(X))$$
が求める同相写像であることを見ればよい．順に

(1) 単射

(2) 全射

(3) 同相写像

となることを示す．

(1) 「$a \neq b$ なら $\Phi(a) \neq \Phi(b)$」を示す．X がハウスドルフ空間（分離空間）であることを使うと，$a \neq b$ より $f(a) = 0$, $f(b) \neq 0$ となる $f \in C(X)$ が存在することがわかる．すると，$f \in \Phi(a)$, $f \notin \Phi(b)$ より $\Phi(a) \neq \Phi(b)$.

(2) 背理法を用いる．Φ が全射でなかったとすると，ある極大イデアル $J \in \mathrm{Specm}(C(X))$ であって，どの $a \in X$ に対しても $J \neq \Phi(a)$ となっているものが存在する．よって，各 $a \in X$ に対して，$f_a \in J$ を $f_a \notin \Phi(a)$ となるようにとることができる（J は極大イデアルであることに注意する）．このとき $f_a(a) \neq 0$ なので，ある開集合 $U_a \ni a$ であって U_a 上では $f_a(x) \neq 0$ となるものがとれる．すると，$\bigcup_{a \in X} U_a = X$ であることと，X がコンパクトであることを使うと

$$X = U_{a_1} \cup \cdots \cup U_{a_n}$$

となる $a_1, \cdots, a_n \in X$ がとれる．そこで，

$$f(x) = |f_{a_1}(x)|^2 + \cdots + |f_{a_n}(x)|^2$$
$$= \overline{f_{a_1}(x)} f_{a_1}(x) + \cdots + \overline{f_{a_n}(x)} f_{a_n}(x)$$

とおくと

 (a) $f \in C(X)$

 (b) $f \in J$

 (c) すべての $x \in X$ に対して $f(x) > 0$

 (d) $\dfrac{1}{f} \in C(X)$

がわかる．(a) (b) は作り方からすぐわかり，(c) は $x \in U_{a_j}$ となる a_j をとると

$$f(x) \geqq |f_{a_j}(x)|^2 > 0$$

となり，(d) は (c) よりわかる．

したがって，

$$J \ni \frac{1}{f} \cdot f = 1$$

より $J = A$ となってしまい矛盾する．

(3) これは，

$$\Phi(\mathbb{V}(X)) = \mathbb{V}(\mathrm{Specm}(C(X)))$$

を見ればよいが，X の閉集合 K と $\mathrm{Specm}(C(X))$ の閉集合 $V(I)$ が互いに
$$I = \{f \in C(X) \mid \text{すべての } K \text{ の元 } a \text{ に対して } f(a) = 0\},$$
$$K = \{a \in X \mid \Phi(a) \supset I\}$$
によって対応していることからわかる．   Q.E.D.

数論や解析においてよく使われる超準体（non-standard model）の構成は上記の話から直ちに導かれるので説明しておこう．

超準体の構成

体 K_n $(n = 1, 2, 3, \cdots)$ に対して，環（直積）
$$A = \prod_{n=1}^{\infty} K_n = \{(a_1, a_2, \cdots) \mid a_n \in K_n\},$$
イデアル（直和）
$$I = \bigoplus_{n=1}^{\infty} K_n = \left\{(a_1, a_2, \cdots) \ \middle| \ \begin{array}{l} a_n \in K_n \\ \text{有限個の } n \text{ を除いて } a_n = 0 \end{array}\right\}$$
とする．すると，$A \supsetneq I$ なので，$A \supsetneq M \supset I$ なる $M \in \mathrm{Specm}(A)$ をとることができる．このとき，体 A/M を超準体と呼ぶ．

[例1] 数論

$K_n = \mathbb{F}_{p_n}$ $(n = 1, 2, 3, \cdots)$ とする．ただし，p_n は n 番目の素数である．このとき，
$$A = \prod_{p: \text{素数}} \mathbb{F}_p \supset I = \bigoplus_{p: \text{素数}} \mathbb{F}_p$$
であり，
$$\prod_p \mathbb{F}_p / M = A/M$$
は標数 0 の体である．さらに，自然に
$$\mathbb{Z} \subset \mathbb{Q} \subset \prod_p \mathbb{F}_p / M$$
となっている．ここで，

$$\begin{array}{ccccc}
\mathbb{Z} & \longrightarrow & \prod_{p} \mathbb{F}_p & \longrightarrow & \prod_{p} \mathbb{F}_p/M \\
\cup & & \cup & & \cup \\
m & \longmapsto & (m \bmod p)_p & \longmapsto & (m \bmod p)_p \bmod M
\end{array}$$

となっている.

[例2] 解析

$K_n = \mathbb{R}\ (n=1,2,3,\cdots)$ とする. このとき,
$$A = \prod_{}^{\infty} \mathbb{R} \supset I = \bigoplus^{\infty} \mathbb{R}$$
であり
$$\prod^{\infty} \mathbb{R}/M = A/M$$
を $^*\mathbb{R}$ と書き, 超準実数体と呼ぶ. 自然に $\mathbb{R}$ は $^*\mathbb{R}$ の部分体であり, $^*\mathbb{R}$ は
$$\begin{cases} 無限小 & \varepsilon = \left[\left(1,\dfrac{1}{2},\dfrac{1}{3},\cdots\right) \mod M\right] \\ および & \\ 無限大 & \omega = [(1,2,3,\cdots) \mod M] \end{cases}$$
を含む. しかも $\varepsilon\omega = 1$ である.

第5章

ハッセ・ゼータ関数

ハッセ・ゼータ関数は $\mathbb{F}_p$ 上の合同ゼータ関数の素数 p にわたる積（オイラー積）である．ハッセ・ゼータ関数の研究は 1940 年頃にハッセによって開始された．それは，有限体上の楕円曲線の場合のハッセ・ゼータ関数の解析接続と関数等式を問題としていた．一般的なハッセ・ゼータ関数の構成は 1960 年代にセールやグロタンディークによって与えられた．

ハッセ・ゼータ関数の解析接続・関数等式・リーマン予想などは，特別な場合の部分的解決を除いて未解決の難問である．

ここでは，簡単なハッセ・ゼータ関数やそのガンマ因子の計算を中心に紹介する．

5.1 ハッセ・ゼータ関数

X を $\mathbb{Z}$ 上有限型のスキームとすると，そのハッセ・ゼータ関数は

$$\zeta_{X/\mathbb{Z}}(s) = \prod_{x \in |X|} (1 - N(x)^{-s})^{-1}$$

と構成される（$|X|$ は X の閉点全体．第 4 章 4.2 節参照）．これは

$$X_p = X \underset{\mathbb{Z}}{\otimes} \mathbb{F}_p$$

として $\mathbb{F}_p$ 上のスキーム X_p を作ると

$$\zeta_{X/\mathbb{Z}}(s) = \prod_{p:\text{素数}} \zeta_{X_p/\mathbb{F}_p}(s)$$

となっている．このオイラー積表示は

$$\zeta_{X/\mathbb{Z}}(s) = \prod_{x \in |X|} (1 - N(x)^{-s})^{-1}$$

$$= \prod_{p:\text{素数}} \left(\prod_{\substack{x \in |X| \\ \text{剰余体} \supset \mathbb{F}_p}} (1 - N(x)^{-s})^{-1} \right)$$

$$= \prod_{p:\text{素数}} \zeta_{X_p/\mathbb{F}_p}(s)$$

と分解したものである．記号を簡略化するために

$$\zeta_{X/\mathbb{Z}}(s) = \prod_p \zeta_{X/\mathbb{F}_p}(s)$$

という表記も用いる．

なお，X がもともと $\mathbb{F}_p$ 上のスキームのときには

$$\zeta_{X/\mathbb{Z}}(s) = \zeta_{X/\mathbb{F}_p}(s)$$

は合同ゼータ関数そのものである．ハッセ・ゼータ関数を合同ゼータ関数と区別する場合には，無限個の p に対して $\zeta_{X_p/\mathbb{F}_p}(s)$ が自明（定数 1）ではない場合 —— 典型的には $X_\mathbb{Q} = X \underset{\mathbb{Z}}{\otimes} \mathbb{Q}$ が $\mathbb{Q}$ 上の代数多様体となっている場合 —— のみに「ハッセ・ゼータ関数」という呼び方をするのが普通であり，ここでもそうする．

一番簡単な場合 —— と言っても，そのゼータ関数が簡単というわけではない —— を考えよう：$X = \mathrm{Spec}(\mathbb{Z})$．このときは

$$X_p = \mathrm{Spec}(\mathbb{F}_p)$$

であり，

$$\zeta_{\mathrm{Spec}(\mathbb{Z})}(s) = \prod_{p:\text{素数}} \zeta_{\mathrm{Spec}(\mathbb{F}_p)}(s)$$

となっていて，

$$\zeta_{\mathrm{Spec}(\mathbb{Z})}(s) = \zeta_\mathbb{Z}(s) = \zeta(s),$$
$$\zeta_{\mathrm{Spec}(\mathbb{F}_p)}(s) = \zeta_{\mathbb{F}_p}(s) = (1-p^{-s})^{-1}$$

なので，オイラーが 1737 年に発見したオイラー積表示が出てきている．

ハッセ・ゼータ関数についての基本的な予想は次の通りである．

ハッセ予想

$\mathbb{Z}$ 上の有限型スキーム X に対して $\zeta_{X/\mathbb{Z}}(s)$ はすべての複素数 s への有理型関数としての解析接続を持ち，関数等式やリーマン予想を満たす．

この予想に関しては（合同ゼータ関数の場合には完全に解決しているものの），簡単

な場合の部分的解決が得られている，というところが現状である（第 10 章参照）．しかし，それらの部分的解決から，フェルマー予想の証明（1995 年）や佐藤–テイト予想の証明（2011 年）という大きな成果が得られていて，ハッセ予想の影響力を知ることができる．

現在のところ，ハッセ予想の方向への研究の中心は，ハッセ・ゼータ関数を保型表現・保型形式のゼータ関数で書き表すというものである．これを，2 段階に分けると，

(1) ハッセ・ゼータ関数をガロア表現のゼータ関数で書く，

(2) ガロア表現のゼータ関数を保型表現・保型形式のゼータ関数で書く

ということになる．この (2) が一般的に「ラングランズ予想」と呼ばれているものであり，ラングランズが 1970 年に提出した：

> R.P. Langlands "Problems in the theory of automorphic forms"［保型形式の諸問題］ Springer Lecture Notes in Math. **170**（1970）18 – 61.

ラングランズ予想は類体論（1920 年，高木貞治）を拡張したもので「非可換類体論予想」とも呼ばれるが，その提出が類体論確立からちょうど半世紀というのは奇遇である．

なお，第 1 段 (1) は，グロタンディークによるエタールコホモロジーの構築（1964 年，SGA4）および合同ゼータ関数の行列式表示（1965 年，SGA5）という偉業により本質的には完了している．

ちなみに，ハッセ予想の起源については諸説が伝わっているため，明確になっていることを書いておこう．それは，ハッセが 1930 年代後半にゲッチンゲン大学に来た学生ピエール・アンベール（Pierre Humbert，1913 年 3 月 13 日にスイスに生まれ，1941 年 10 月 14 日に歿）に学位論文のテーマとして「ハッセ予想」（具体的には，楕円曲線のハッセ・ゼータ関数の場合）を提案したのが始まりである．この問題は難し過ぎた問題であった（$\mathbb{Q}$ 上の楕円曲線のハッセ・ゼータ関数の解析接続・関数等式の証明は 2001 年にテイラーたちによって成された）．アンベールは，ジーゲルの 2 次形式論の講義に感銘を受けていたこともあって，そのテーマに関する論文をいくつか書き上げ出版したが，1941 年に 28 歳の若さで病歿してしまった．［数学論文の最

大のデータベースである MathSciNet を調べる場合の注意：彼は同姓同名の Pierre Hambert, 1891 年 6 月 13 日 – 1953 年 11 月 17 日，フランス，と同一人として扱われてしまっている．]

ラングランズ（1936 年 10 月 6 日カナダ生まれ）はハッセ予想の解決に向けて

> R.P. Langlands "Automorphic representations, Shimura varieties, and motives. Ein Märchen"［保型表現，志村多様体，およびモチーフ．一つのメルヘン］Proc. Sympos. Pure Math. **33**（1979）205 – 246

を書いて，すべての数論的ゼータ関数を統制する「ラングランズ・ガロア群」を導入した．これは，40 年近く経ったが確立していない．

ハッセ予想は，ほとんど何の仮定も付けずに成立すると期待される稀有なものであるので，アフィンスキーム $X = \mathrm{Spec}(A)$ の場合に限定して，『代数学』の学習練習用に書き直しておこう．

ハッセ予想

A を標数 0 の整域で，$\mathbb{Z}$ 上有限生成とする．このとき，ハッセ・ゼータ関数
$$\zeta_A(s) = \prod_{M \subset A} (1 - N(M)^{-s})^{-1}$$
はすべての複素数 s へ有理型関数として解析接続され，関数等式を持ち，リーマン予想を満たす．ただし，M は A の極大イデアル全体を動き，
$$N(M) = |A/M|$$
は剰余体 A/M（それは，有限体になる）の元の個数である．

もちろん，このことが完璧に証明されている A の例は（$\mathbb{Z}$ も込めて）一つもないので，解けなくても失望するには当たらない．

5.2　ハッセ・ゼータ関数の簡単な例

ハッセ・ゼータ関数の簡単な例を第 4 章 4.6 節の合同ゼータ関数・絶対ゼータ関数に列挙されているものから書いておこう．

(A) $\mathbb{G}_m^n$

$$\zeta_{\mathbb{G}_m^n/\mathbb{Z}}(s) = \prod_{p:\text{素数}} \zeta_{\mathbb{G}_m^n/\mathbb{F}_p}(s)$$
$$= \prod_{k=0}^{n} \zeta_{\mathbb{Z}}(s-k)^{(-1)^{n-k}\binom{n}{k}}.$$

(B) $GL(n)$

$$\zeta_{\mathbb{G}L(n)/\mathbb{Z}}(s) = \prod_{p:\text{素数}} \zeta_{GL(n)/\mathbb{F}_p}(s)$$
$$= \prod_{I\subset\{1,\cdots,n\}} \zeta_{\mathbb{Z}}\left(s-||I||-\frac{n(n-1)}{2}\right)^{(-1)^{n-|I|}}.$$

ただし，$|I|$ は I の元の個数であり，$||I|| = \sum_{i\in I} i$ である．

(C) $SL(n)$

$$\zeta_{\mathbb{S}L(n)/\mathbb{Z}}(s) = \prod_{p:\text{素数}} \zeta_{SL(n)/\mathbb{F}_p}(s)$$
$$= \prod_{I\subset\{2,\cdots,n\}} \zeta_{\mathbb{Z}}\left(s-||I||-\frac{n(n-1)}{2}\right)^{(-1)^{n-1-|I|}}.$$

(D) $\mathbb{A}^n$

$$\zeta_{\mathbb{A}^n/\mathbb{Z}}(s) = \prod_{p:\text{素数}} \zeta_{\mathbb{A}^n/\mathbb{F}_p}(s)$$
$$= \zeta_{\mathbb{Z}}(s-n).$$

(E) $\mathbb{P}^n$

$$\zeta_{\mathbb{P}^n/\mathbb{Z}}(s) = \prod_{p:\text{素数}} \zeta_{\mathbb{P}^n/\mathbb{F}_p}(s)$$
$$= \zeta_{\mathbb{Z}}(s)\zeta_{\mathbb{Z}}(s-1)\cdots\zeta_{\mathbb{Z}}(s-n).$$

5.3　ガンマ因子

ハッセ・ゼータ関数 $\zeta_{X/\mathbb{Z}}(s)$ の関数等式の場合には，合同ゼータ関数 $\zeta_{X/\mathbb{F}_p}(s)$ の場合と違って，ガンマ因子 $\Gamma_{X/\mathbb{Z}}(s)$ が必要であり，完備ハッセ・ゼータ関数

$$\widehat{\zeta}_{X/\mathbb{Z}}(s) = \zeta_{X/\mathbb{Z}}(s)\Gamma_{X/\mathbb{Z}}(s)$$

が完全に対称な関数等式を持つことが期待されている．一般には複雑になるので，5.2節の例で見る．ここで，記号

$$\widehat{\zeta}_{\mathbb{Z}}(s) = \zeta_{\mathbb{Z}}(s)\Gamma_{\mathbb{R}}(s),$$
$$\Gamma_{\mathbb{R}}(s) = \pi^{-\frac{s}{2}}\Gamma\left(\frac{s}{2}\right)$$

を用いる．

(A) $\mathbb{G}_m^n$

$$\widehat{\zeta}_{\mathbb{G}_m^n/\mathbb{Z}}(s) = \prod_{k=0}^{n} \widehat{\zeta}_{\mathbb{Z}}(s-k)^{(-1)^{n-k}\binom{n}{k}},$$
$$\Gamma_{\mathbb{G}_m^n/\mathbb{Z}}(s) = \prod_{k=0}^{n} \Gamma_{\mathbb{R}}(s-k)^{(-1)^{n-k}\binom{n}{k}}.$$

(B) $GL(n)$

$$\widehat{\zeta}_{GL(n)/\mathbb{Z}}(s) = \prod_{I\subset\{1,\cdots,n\}} \widehat{\zeta}_{\mathbb{Z}}\left(s-||I||-\frac{n(n-1)}{2}\right)^{(-1)^{n-|I|}},$$
$$\Gamma_{GL(n)/\mathbb{Z}}(s) = \prod_{I\subset\{1,\cdots,n\}} \Gamma_{\mathbb{R}}\left(s-||I||-\frac{n(n-1)}{2}\right)^{(-1)^{n-|I|}}.$$

(C) $SL(n)$

$$\widehat{\zeta}_{SL(n)/\mathbb{Z}}(s) = \prod_{I\subset\{2,\cdots,n\}} \widehat{\zeta}_{\mathbb{Z}}\left(s-||I||-\frac{n(n-1)}{2}\right)^{(-1)^{n-1-|I|}},$$
$$\Gamma_{SL(n)/\mathbb{Z}}(s) = \prod_{I\subset\{2,\cdots,n\}} \Gamma_{\mathbb{R}}\left(s-||I||-\frac{n(n-1)}{2}\right)^{(-1)^{n-1-|I|}}.$$

(D) $\mathbb{A}^n$

$$\widehat{\zeta}_{\mathbb{A}^n/\mathbb{Z}}(s) = \widehat{\zeta}_{\mathbb{Z}}(s-n),$$
$$\Gamma_{\mathbb{A}^n/\mathbb{Z}}(s) = \Gamma_{\mathbb{R}}(s-n).$$

(E) $\mathbb{P}^n$

$$\widehat{\zeta}_{\mathbb{P}^n/\mathbb{Z}}(s) = \widehat{\zeta}_{\mathbb{Z}}(s)\widehat{\zeta}_{\mathbb{Z}}(s-1)\cdots\widehat{\zeta}_{\mathbb{Z}}(s-n),$$
$$\Gamma_{\mathbb{P}^n/\mathbb{Z}}(s) = \Gamma_{\mathbb{R}}(s)\Gamma_{\mathbb{R}}(s-1)\cdots\Gamma_{\mathbb{R}}(s-n).$$

5.4 ガンマ因子の有理性

ハッセ・ゼータ関数の基本となる

$$\zeta_{\mathbb{Z}}(s) = \zeta(s)$$

の場合のガンマ因子は

$$\Gamma_{\mathbb{R}}(s) = \pi^{-\frac{s}{2}}\Gamma\left(\frac{s}{2}\right)$$

であり，有理関数ではない．もちろん，一般のハッセ・ゼータ関数のガンマ因子も有理関数にはなりそうに見えない．

そこで，5.3 節の（A）〜（E）のガンマ因子の有理性を見よう．

> **定理 5.1**　（A）〜（E）の場合で，ガンマ因子が有理関数となるのは，次の通りである：（B）の $n \geqq 2$ のときおよび（C）$(n \geqq 2)$．

証明の前に例を 2 つ調べておこう．

(1) $GL(1) = \mathbb{G}_m$ のとき，

$$\Gamma_{\mathbb{G}_m/\mathbb{Z}}(s) = \frac{\Gamma_{\mathbb{R}}(s-1)}{\Gamma_{\mathbb{R}}(s)}$$
$$= \pi^{\frac{1}{2}}\frac{\Gamma\left(\dfrac{s-1}{2}\right)}{\Gamma\left(\dfrac{s}{2}\right)}$$

は，

$$\begin{cases} s = 1, -1, -3, -5, \cdots \text{ に } 1 \text{ 位の極} \\ s = 0, -2, -4, -6, \cdots \text{ に } 1 \text{ 位の零点} \end{cases}$$

を持つので，有理関数ではない．

(2) $GL(2)$ のとき，

$$\Gamma_{GL(2)/\mathbb{Z}}(s) = \frac{\Gamma_{\mathbb{R}}(s-4)\Gamma_{\mathbb{R}}(s-1)}{\Gamma_{\mathbb{R}}(s-3)\Gamma_{\mathbb{R}}(s-2)}$$

において
$$\Gamma\left(\frac{s-2}{2}\right) = \Gamma\left(\frac{s-4}{2}\right)\frac{s-4}{2},$$
$$\Gamma\left(\frac{s-1}{2}\right) = \Gamma\left(\frac{s-3}{2}\right)\frac{s-3}{2}$$
を用いて,
$$\Gamma_{GL(2)/\mathbb{Z}}(s) = \frac{s-3}{s-4}$$
は有理関数であることがわかる.

● **定理の証明**

有理関数でないことの証明は上の (1) と全く同様であり容易であるので略する. 要するに, 極あるいは零点が実際に無限個あることを見るだけでよい.

次に, $n \geq 2$ に対する (B) (C) の場合に有理関数となることを示す.

いま,
$$|X(\mathbb{F}_q)| = f_X(q) = \sum_k a(k)q^k$$
に対して
$$f_X(x) \in \mathbb{Z}[x]$$
となっていて

　　　条件　　$f_X(1) = f_X(-1) = 0$

が満たされているものとする. そのときに, ガンマ因子 $\Gamma_{X/\mathbb{Z}}(s)$ は有理関数となることを示すのであるが, 実例として必要な $n \geq 2$ に対する $GL(n)$ と $SL(n)$ の場合に条件が満たされていることを確認しておこう.

- $X = GL(n)$ なら
$$f_{GL(n)}(x) = x^{\frac{n(n-1)}{2}}(x-1)(x^2-1)\cdots(x^n-1)$$
より $n \geq 2$ なら
$$f_{GL(n)}(\pm 1) = 0.$$

- $X = SL(n)$ なら

$$f_{SL(n)}(x) = x^{\frac{n(n-1)}{2}}(x^2-1)\cdots(x^n-1)$$

より

$$f_{SL(n)}(\pm 1) = 0.$$

したがって，あとは $f_X(x)$ が上の条件を満たすときにガンマ因子を計算して有理関数になることを示せばよい．簡単のため $f_X(x)$ を $f(x)$ と書く．

まず

$$\zeta_{X/\mathbb{F}_p}(s) = \exp\left(\sum_{m=1}^{\infty} \frac{f(p^m)}{m} p^{-ms}\right)$$
$$= \prod_k \left(1 - p^{k-s}\right)^{-a(k)}$$
$$= \prod_k \zeta_{\mathbb{F}_p}(s-k)^{a(k)}$$

より

$$\zeta_{X/\mathbb{Z}}(s) = \prod_k \zeta_{\mathbb{Z}}(s-k)^{a(k)}$$

となるので，

$$\widehat{\zeta}_{X/\mathbb{Z}}(s) = \prod_k \widehat{\zeta}_{\mathbb{Z}}(s-k)^{a(k)},$$
$$\Gamma_{X/\mathbb{Z}}(s) = \prod_k \Gamma_{\mathbb{R}}(s-k)^{a(k)}$$

となっている．したがって，

$$\Gamma_{X/\mathbb{Z}}(s) = \prod_k \left(\pi^{-\frac{s-k}{2}} \Gamma\left(\frac{s-k}{2}\right)\right)^{a(k)}$$
$$= \pi^{\frac{f'(1)}{2}} \prod_k \Gamma\left(\frac{s-k}{2}\right)^{a(k)}$$

となる．ここで，

$$\sum_k a(k) = f(1) = 0,$$
$$\sum_k k a(k) = f'(1)$$

を用いた.

そこで, $a(k) \neq 0$ である k のうち偶数の最大のものを k_0, 奇数の最大のものを k_1 とする. 条件

$$\sum_k (-1)^k a(k) = f(-1) = 0$$

および

$$\sum_k a(k) = f(1) = 0$$

より

$$\sum_{k:\, 偶数} a(k) = 0,$$

$$\sum_{k:\, 奇数} a(k) = 0$$

がわかる. したがって,

$$\Gamma_{X/\mathbb{Z}}(s) = \pi^{\frac{f'(1)}{2}} \prod_{\substack{k \leqq k_0 \\ 偶数}} \Gamma\left(\frac{s-k}{2}\right)^{a(k)} \prod_{\substack{k \leqq k_1 \\ 奇数}} \Gamma\left(\frac{s-k}{2}\right)^{a(k)}$$

$$= \pi^{\frac{f'(1)}{2}} \prod_{\substack{k \leqq k_0 \\ 偶数}} \left(\frac{\Gamma\left(\frac{s-k}{2}\right)}{\Gamma\left(\frac{s-k_0}{2}\right)}\right)^{a(k)} \prod_{\substack{k \leqq k_1 \\ 奇数}} \left(\frac{\Gamma\left(\frac{s-k}{2}\right)}{\Gamma\left(\frac{s-k_1}{2}\right)}\right)^{a(k)}$$

となるが, 偶数 $k \leqq k_0$ に対して

$$\frac{\Gamma\left(\frac{s-k}{2}\right)}{\Gamma\left(\frac{s-k_0}{2}\right)} = \left(\frac{s-k_0}{2}\right)\left(\frac{s-k_0}{2}+1\right)\cdots\left(\frac{s-k}{2}-1\right)$$

は多項式であり, 奇数 $k \leqq k_1$ に対して

$$\frac{\Gamma\left(\frac{s-k}{2}\right)}{\Gamma\left(\frac{s-k_1}{2}\right)} = \left(\frac{s-k_1}{2}\right)\left(\frac{s-k_1}{2}+1\right)\cdots\left(\frac{s-k}{2}-1\right)$$

は多項式である. よって, $\Gamma_{X/\mathbb{Z}}(s)$ は有理関数である.   Q.E.D.

絶対保型形式をより徹底して使用した分析については

　　黒川信重『リーマンの夢』現代数学社，2017 年 8 月

の第 6 章と第 7 章を読まれたい．

　複雑で神秘的なハッセ・ゼータ関数であるが，思いがけない簡単なこともたくさんあることを知っていただければ幸いである．

第6章

ガロア表現のゼータ関数

ガロア表現のゼータ関数とはガロア群の表現から構成されるゼータ関数であり，$\mathbb{C}$ 上の表現の場合にアルティンが 1920 年代から研究を開始した．1950 年頃からは $\overline{\mathbb{Q}_l}$ 上の表現（l 進表現）の場合の研究も始まった：ヴェイユ，アイヒラー，谷山豊，志村五郎，…．とくに，谷山は l 進表現の整合系（compatible system）の概念を創始した．

ガロア表現のゼータ関数論は現代数論の膨大な研究領域になっていて，フェルマー予想および佐藤–テイト予想の証明という偉大な成果が得られている．

一方，ガロア表現のゼータ関数の解析接続・正則性・関数等式の証明は大変困難であり，一般には，保型表現のゼータ関数に帰着させるというラングランズ予想によって結論を得るというのがほとんどである．したがって，保型表現・保型形式から作られるガロア表現が活発に研究されているのが，現代数論の状況である．

本章では，古典的で初等的なところを簡単に解説したい．

6.1　ガロア群の $\mathbb{C}$ 上の表現のゼータ関数

$\mathbb{C}$ 上のガロア表現は，代数体 K（有理数体 $\mathbb{Q}$ の有限次拡大体）の絶対ガロア群 $\mathrm{Gal}(\overline{K}/K)$ の表現

$$\rho \colon \mathrm{Gal}(\overline{K}/K) \longrightarrow GL(n,\mathbb{C})$$

が対象であるが，ここでは記述を簡単にするために $K=\mathbb{Q}$ とする．さらに，$\mathbb{Q}$ の有限次ガロア拡大体 F に対するガロア群 $\mathrm{Gal}(F/\mathbb{Q})$ の表現

$$\rho \colon \mathrm{Gal}(F/\mathbb{Q}) \longrightarrow GL(n,\mathbb{C})$$

に制限する．そのゼータ関数はアルティン L 関数と呼ばれ，オイラー積によって

$$L(s,\rho) = \prod_{p:\text{素数}} \det(1 - \rho(\mathrm{Frob}_p)p^{-s})^{-1}$$

と構成される：$\mathrm{Frob}_p \in \mathrm{Gal}(F/\mathbb{Q})$ はフロベニウス元であり，このオイラー積は $\mathrm{Re}(s) > 1$ において絶対収束する．本当は"有限個の分岐する素数 p"に対してはオイラー因子を変形させる必要があるが，ここでは触れないことにする．

アルティンは 1920 年代に，この型のゼータ関数を考察し，次の予想をした．

> **予想**
> (A) $L(s, \rho)$ はすべての複素数へ有理型関数として解析接続可能である．
> (B) $L(s, \rho)$ は $s \longleftrightarrow 1-s$ という関数等式を持つ．
> (C) ρ が既約表現で自明表現 $\mathbf{1}$ ではないときは $L(s, \rho)$ は正則関数である．

この予想は，(A)(B) に関してはブラウアーが誘導表現を用いて証明した (1947年)．(C) の解決は困難であり，単に「アルティン予想」と呼ばれている．(C) が解決しているのは，おおよそ，次の場合である：

(1) $n=1$ [類体論]

(2) $n=2$ で $\det(\rho)$ が奇指標（奇のディリクレ指標に対応）のとき [2009年，カーレ＋ヴァンテンベルジェ]

(3) $n \geqq 2$ で $\mathrm{Im}(\rho)$ がべき零群のとき [1980年頃，アーサー＋クロツェル]

どの場合もラングランズ予想の一環になっていて，対応する保型表現も存在する．(2) の「$\det(\rho)$ が奇指標のとき」に対応する保型表現は重さ 1 の正則保型形式のものであり，良く研究が成された成果となっている．一方，「$\det(\rho)$ が偶指標のとき」が残っているのであるが，この場合は，対応すると予想される保型表現はマース波動形式（非正則保型形式）のものであり，証明の見通しは全く立っていない．現代数論の重要課題である．

6.2 密度定理

アルティン L 関数を用いると，次の密度定理が証明できる：

> **密度定理**
> F を $\mathbb{Q}$ の有限次ガロア拡大とし，そのガロア群を $G = \mathrm{Gal}(F/\mathbb{Q})$ とする．このとき，G の共役類 c に対して

$$|\{p \leqq x \mid [\mathrm{Frob}_p] = c\}| \sim \frac{|c|}{|G|} \cdot \frac{x}{\log x} \quad (x \to \infty).$$

これは，$F = \mathbb{Q}$ のときは素数定理

$$\pi(x) = |\{p \leqq x\}| \sim \frac{x}{\log x} \quad (x \to \infty)$$

であり，$F = \mathbb{Q}(\boldsymbol{\mu}_N)$ ($\boldsymbol{\mu}_n = \{\alpha \in \mathbb{C} \mid \alpha^N = 1\}$) のときはディリクレの素数定理

$$|\{p \leqq x \mid p \equiv c \pmod{N}\}| \sim \frac{1}{\varphi(N)} \frac{x}{\log x} \quad (x \to \infty)$$

である．ここで，$G \cong (\mathbb{Z}/(N))^\times \ni c$ であり，$\varphi(N)$ はオイラー関数である．

上記の定理の証明においては G の表現論が有効に使われる．重要なことは G の双対 $\widehat{G}$ (G の既約表現の同値類全体) に注目することである．$G \cong (\mathbb{Z}/(N))^\times$ というディリクレの場合は $\widehat{G}$ も群であり (しかも，抽象群としては G と同型となる:「標準的 (canonical)」同型写像はない) 話が簡単になっていて，デデキント・ゼータ関数 $\zeta_F(s)$ (ハッセ・ゼータ関数としては $\zeta_{O_F}(s) = \zeta_{\mathrm{Spec}(O_F)}(s)$) の分解も類体論の基本である

$$\zeta_{\mathbb{Q}(\boldsymbol{\mu}_N)}(s) = \prod_{\chi \in \widehat{(\mathbb{Z}/(N))^\times}} L(s, \chi)$$

というように単純であった．一般の場合は

$$\zeta_F(s) = \prod_{\rho \in \widehat{G}} L(s, \rho)^{\deg(\rho)}$$

となり，G の正則表現 $\mathrm{Reg}_G = \mathrm{Ind}_1^G(\mathbf{1})$ が

$$\mathrm{Reg}_G = \bigoplus_{\rho \in \widehat{G}} (\rho^{\oplus \deg(\rho)})$$

と分解していることに対応している．このように，$G \cong (\mathbb{Z}/(N))^\times$ というアーベル群の場合を見ているだけでは非アーベル群の一般の場合を推測することは難しい．

数論に習熟するにはディリクレ L 関数にとどまらずアルティン L 関数の習得が必須とされる由縁がここにある．詳しくは

黒川信重『ガロア理論と表現論：ゼータ関数への出発』日本評論社,

2014 年

を読まれたい.

6.3 ディリクレ L 関数

ディリクレ L 関数とは, 指標
$$\chi : (\mathbb{Z}/(N))^\times \longrightarrow GL(1,\mathbb{C}) = \mathbb{C}^\times$$
に対するゼータ関数
$$L(s,\chi) = \prod_{\substack{p \nmid N \\ 素数}} (1 - \chi(\overline{p})p^{-s})^{-1}$$
のことであるが, これはアルティン L 関数とも考えることができる. 表現
$$\rho : \operatorname{Gal}(\mathbb{Q}(\boldsymbol{\mu}_N)/\mathbb{Q}) \cong (\mathbb{Z}/(N))^\times \xrightarrow{\chi} \mathbb{C}^\times$$
のアルティン L 関数
$$L(s,\rho) = \prod_{\substack{p \nmid N \\ 素数}} (1 - \rho(\operatorname{Frob}_p)p^{-s})^{-1}$$
によって等式
$$L(s,\rho) = L(s,\chi)$$
が成立する. この等式は, 左辺はガロア表現のゼータ関数, 右辺は保型表現のゼータ関数とみることによって, ラングランズ予想の一環ともなる.

6.4 l 進ガロア表現のゼータ関数

l 進ガロア表現
$$\rho : \operatorname{Gal}(\overline{\mathbb{Q}}/\mathbb{Q}) \longrightarrow GL(n, \overline{\mathbb{Q}_l})$$
のゼータ関数
$$L(s,\rho) = \prod_{p:素数} \det(1 - \rho(\operatorname{Frob}_p)p^{-s})^{-1}$$
の場合は, アルティン L 関数のときにブラウアー (1947 年) が $L(s,\rho)$ の解析接続と関数等式を (有限群の誘導表現論を用いて) 証明したことにあたる結果は現在まで

のところ得られてはいないものの，ラングランズ予想との関連を込めて，枚挙にいとまがないほどの数多くの重要な成果が証明されている．この，現代数論の中心的領域における活発な研究については，本シリーズで刊行される『ガロア表現のゼータ関数』を熟読されたい．

第7章

保型形式のゼータ関数

これまでの章で，リーマン・ゼータ関数がハッセ・ゼータ関数やガロア表現のゼータ関数などに一般化される様子を見てきた．しかし，リーマン・ゼータのときに証明されていた解析接続や関数等式が，それらのゼータ関数に対して証明されているのは，非常に限られた場合である．

そして，それら未解明なゼータの性質の一部でも解決できれば，数論の主要未解決問題の進展に大きく寄与することは確実である．このことは，ハッセ・ゼータ関数のごく一例である楕円曲線のゼータ関数に対する解析接続や関数等式の証明（志村–谷山予想）が，350年間未解決だったフェルマー予想の解決をもたらしたことからもわかる．

さて，本章で扱う保型形式のゼータ関数とは，いわば，そうした一連のゼータの一般化の動きとは逆向きの発想によって構成された関数である．保型形式のゼータ関数を，それが定義されるに至った理由，あるいはゼータ関数論全体の中での位置づけから，端的に表現すると

　　　　　　解析接続と関数等式を持つゼータ関数

であると言ってよい（ただし，これはゼータ関数の直接的な定義とはなり得ないので，1.5節で述べたように，実際の研究の状況は複雑である）．

リーマン・ゼータ関数は，積分表示によって解析接続され，関数等式は ϑ 関数の変換公式（3.2）から導かれた．ならば，逆に，それに似た変換公式（保型性）を満たす関数（保型形式）から出発し，積分表示を経由してゼータを構成すれば，そのゼータは解析接続と関数等式を満たすはずである．このようにして作られる関数が，保型形式のゼータ関数である．未解明なハッセ・ゼータやガロア表現のゼータに対し，それらが「ある保型形式のゼータであること」の証明が，主たる目標となる．

実際，フェルマー予想の解決をもたらした志村–谷山予想は「すべての楕円曲線の

ゼータ関数は保型形式のゼータ関数である」となる．また，あらゆる数論的ゼータ関数の解析接続と関数等式を主張するラングランズ予想も「すべてのガロア表現のゼータ関数は保型形式のゼータ関数である」となる．

本章では，$G = SL(2,\mathbb{R})$ の離散部分群 $\Gamma = SL(2,\mathbb{Z})$ のマース・カスプ形式という保型形式に対し，そのゼータ関数の解析接続が積分表示を通して得られ，関数等式が保型性から示されることを解説する．保型形式の教科書で必ず見かけるラマヌジャンの Δ 関数に代表される正則保型形式については，マース・カスプ形式と同様の方針で理解できるので，後節（7.4 節）に結果のみをまとめた．また，他の群 G や離散部分群 Γ に対する理論には詳しく触れないが，基本的なアイディアや概要は，ほぼ同様である．例としてマース・カスプ形式を用いることがいかに本質的でかつ正当であるか，その理由については，

> 小山信也『素数からゼータへ，そしてカオスへ』日本評論社，2010 年 12 月

の第 8 章に詳しく述べたので，興味のある読者は参照されたい．

本章の解説によって，ゼータの世界における保型性の役割が明確になれば幸いである．

7.1 マース・カスプ形式

複素上半平面
$$H = \{x + iy \in \mathbb{C} \mid y > 0\} \tag{7.1}$$
内の 2 点 $z, w \in H$ に対し，
$$d(z,w) = \log \frac{|z - \overline{w}| + |z - w|}{|z - \overline{w}| - |z - w|} \tag{7.2}$$
で定義される距離を双曲距離と呼び，双曲距離を導入した距離空間 H を双曲平面と呼ぶ．群
$$G = SL(2,\mathbb{R}) = \left\{ \begin{pmatrix} a & b \\ c & d \end{pmatrix} \,\middle|\, ad - bc = 1,\ a, b, c, d \in \mathbb{R} \right\}$$
ならびにその部分群

$$\Gamma = SL(2,\mathbb{Z}) = \left\{ \begin{pmatrix} a & b \\ c & d \end{pmatrix} \;\middle|\; ad-bc=1,\; a,b,c,d \in \mathbb{Z} \right\}$$

は，H に

$$\begin{pmatrix} a & b \\ c & d \end{pmatrix} \cdot z = \frac{az+b}{cz+d} \qquad (z \in H) \tag{7.3}$$

で作用する．この作用を**一次分数変換**と呼ぶ．一次分数変換は，H 上のラプラシアン

$$\Delta = -y^2 \left(\frac{\partial^2}{\partial x^2} + \frac{\partial^2}{\partial y^2} \right) \tag{7.4}$$

と可換，すなわち，

$$\Delta \left(f \circ \begin{pmatrix} a & b \\ c & d \end{pmatrix} \right)(z) = (\Delta \circ f) \left(\begin{pmatrix} a & b \\ c & d \end{pmatrix} \cdot z \right)$$

が成り立つ．この事実は，ラプラシアンの幾何学的な一般論からもわかるが，G の作用を具体的に書き下して明示的に計算しても確かめられる．

したがって，Δ は双曲平面 H を Γ の作用で割った基本領域上の関数空間に作用する．とくに，二乗可積分な関数の集合に内積

$$(f,g) = \int_{\Gamma \backslash H} f(z)\overline{g(z)} \frac{dxdy}{y^2}$$

を導入して得られるヒルベルト空間

$$L^2(\Gamma \backslash H) = \left\{ f \colon \Gamma \backslash H \longrightarrow \mathbb{C} \;\middle|\; \int_{\Gamma \backslash H} |f(z)|^2 \frac{dxdy}{y^2} < \infty \right\}$$

に Δ を作用[*1]させたときの固有関数 $\{u_j \mid j=0,1,2,3,\cdots\}$ を**マース・カスプ形式**[*2]と呼ぶ．定数関数は微分して 0 になるから，固有値 0 に対する固有関数である．これ以外の u_j が存在することは自明ではないが，散乱行列式の計算とセルバーグ跡公式（第 8 章）によって，今の Γ に対しては可算無限個存在することが証明される．

Δ は $L^2(\Gamma \backslash H)$ 上の自己共役作用素であることが知られており，このことから，固有値が無限個存在する場合には，固有値列は非負の実数列で無限大に発散することが

[*1] 元来，Δ は 2 階微分可能な関数の空間 $C^2(\Gamma \backslash H)$ で定義されるが，$C^2(\Gamma \backslash H)$ が $L^2(\Gamma \backslash H)$ 内で稠密であるので，Δ の定義域を $L^2(\Gamma \backslash H)$ に拡張できる．

[*2] マース・カスプ形式の定義を緩め，$L^2(\Gamma \backslash H)$ に属することを仮定せずに「ラプラシアンの固有方程式を満たす Γ 不変な実解析的関数」としたものを，一般にマース波動形式と呼ぶ．**実解析的アイゼンシュタイン級数**は，マース・カスプ形式ではないマース波動形式の例である．

示される.そこで,固有値の小さい順に u_j の番号を付け,固有値が等しいものについては,固有空間の基底を並べるものとする.したがって,u_0 は定数関数であり,その他の u_j $(j=1,2,3,\cdots)$ たちは正の固有値を持つ固有関数であり,u_0 と直交している.

元 $\begin{pmatrix} 1 & 1 \\ 0 & 1 \end{pmatrix} \in \Gamma$ の作用

$$H \ni z = x + iy \longmapsto z+1 = (x+1) + iy \in H$$

より,u_j は $x \mapsto x+1$ の変換で不変であるので,x に関するフーリエ展開

$$u_j(z) = \sum_{n=-\infty}^{\infty} a_j(n,y) e^{2\pi i n x}$$

を持つ.とくに $j=0$ のとき,$u_0(z) = a_0(0,y)$ は定数であり,$j>0$ のときは u_j と u_0 は直交するので,$a_j(0,y) = 0$ である.したがって,$j>0$ のとき,フーリエ展開は

$$u_j(z) = \sum_{\substack{n=-\infty \\ n \neq 0}}^{\infty} a_j(n,y) e^{2\pi i n x}$$

となる.

次に,y の関数 $a_j(n,y)$ を,微分方程式 $\Delta u_j = \lambda_j u_j$ を解くことによって求める.フーリエ展開の各項が同じ微分方程式を満たすので,項別に解けばよい.$n=1$ のときの項 $a_j(1,y)e^{2\pi i x}$ に対し微分方程式の解を求めれば,変数を n 倍したものが一般項 $a_j(n,y)e^{2\pi i n x}$ であるから,まず $n=1$ に対して求める.

はじめに,求める y の関数を,

$$a_j(1,y) = F(2\pi y)$$

と置く.F の中身で y が 2π 倍されている理由は,x の方も $e^{2\pi i x}$ で 2π がついているため,偏微分を計算する際にバランスが良くなり式が簡単になるからである.解くべき微分方程式は

$$\Delta F(2\pi y) e^{2\pi i x} = \lambda F(2\pi y) e^{2\pi i x}.$$

である.左辺を微分して計算すると,

$$-y^2 \left(-4\pi^2 F(2\pi y) e^{2\pi i x} + 4\pi^2 F''(2\pi y) e^{2\pi i x} \right)$$

$$= 4\pi^2 y^2 \left(F(2\pi y) - F''(2\pi y)\right) e^{2\pi i x}.$$

よって，微分方程式は

$$4\pi^2 y^2 \left(F(2\pi y) - F''(2\pi y)\right) e^{2\pi i x} = \lambda F(2\pi y) e^{2\pi i x}.$$

両辺を $4\pi^2 y^2 e^{2\pi i x}$ で割って，

$$F(2\pi y) - F''(2\pi y) = \frac{\lambda}{4\pi^2 y^2} F(2\pi y).$$

したがって，微分方程式は

$$F''(2\pi y) = \left(1 - \frac{\lambda}{4\pi^2 y^2}\right) F(2\pi y)$$

すなわち

$$F''(y) = \left(1 - \frac{\lambda}{y^2}\right) F(y) \tag{7.5}$$

となる．

(7.5) は 2 階微分方程式だから，一般解は 2 つの独立な解の 1 次結合となる．それらのうち一方は y の増大に伴って指数関数的に増加するため，二乗可積分なマース・カスプ形式 u_j には関係しない．そこで，2 個の解のうち挙動のおとなしい方を採用する．それは，K ベッセル関数

$$K_s(y) = \frac{1}{2} \int_0^\infty e^{-y\frac{t+t^{-1}}{2}} t^s \frac{dt}{t}$$

を用いて

$$F(y) = \sqrt{\frac{2y}{\pi}} K_{ir}(y)$$

と表されることが知られている．ただし，r は，

$$\lambda_j = \frac{1}{4} + r^2 \quad \text{かつ} \quad \left[r > 0 \quad \text{または} \quad 0 < \mathrm{Im}(r) \leqq \frac{1}{2}\right]$$

によって定まる複素数である．これより，$a_j(1, y)$ は

$$\sqrt{y} K_{ir}(2\pi y)$$

の定数倍であることがわかる．

以上のことから，$a_j(n, y)$ は

$$\sqrt{ny}K_{ir}(2\pi ny)$$

の定数倍だから，$\sqrt{n}$ は定数倍に含めてしまうと，

$$a_j(n, y) = a_j(n)\sqrt{y}K_{ir}(2\pi ny)$$

と置ける．これでフーリエ展開は

$$u_j(z) = \sum_{n \in \mathbb{Z} - \{0\}} a_j(n)\sqrt{y}K_{ir}(2\pi ny)e^{2\pi inx} \tag{7.6}$$

の形となる．この時点では n は負の整数も含めて動くが，先ほど注意したように，$n = 0$ だけは除かれる．

次に，ラプラシアン Δ は，y 軸対称写像

$$\iota: H \ni x + iy \longmapsto -x + iy \in H$$

と可換，すなわち，

$$(\Delta u)(\iota z) = \Delta(u(\iota z))$$

が成り立つことが，簡単な計算によりわかる．実際，この写像は x の符号を変える操作だから，x に関する偏微分により -1 倍がつくが，2 回偏微分をすればもとに戻る．また y に関する偏微分については影響がない．

このことから，Δ の固有空間の基底 u_j を選ぶときに，ι の固有関数になっているものを選ぶことが可能となる．すると，ι^2 は恒等写像であることから，$\iota u_j = u_j$ または $\iota u_j = -u_j$ のいずれかが成り立つ．これらの各場合を称して，それぞれ，u_j は偶または奇であるという．すなわち，フーリエ係数は u_j の偶奇によって $a_j(n) = a_j(-n)$ または $-a_j(n) = a_j(-n)$ のいずれかが成り立つから，$a_j(n)$ $(n = 1, 2, 3, \cdots)$ のみ決まれば，$a_j(n)$ $(n \in \mathbb{Z})$ 全体が決まる．よってこのような u_j に対し，L 関数を以下のように定義し，保型形式 u_j のゼータ関数と呼ぶ．

$$L(s, u_j) = \sum_{n=1}^{\infty} \frac{a_j(n)}{n^s}. \tag{7.7}$$

これは $\mathrm{Re}(s) > 1$ において絶対収束することが，ランキン–セルバーグ法により証明されている．本章では，後ほど全平面への解析接続を示すので，当面の目的には $\mathrm{Re}(s)$ が十分大きい領域において絶対収束を示せばよい．そこで，以下，$\mathrm{Re}(s) > 1$ よりも少し狭い範囲での絶対収束を示す．

- **命題 7.1** (7.7) は，$\mathrm{Re}(s) > \dfrac{3}{2}$ で絶対収束する．

- **証明** u_j が二乗可積分であるから，ある定数 $C > 0$ が存在して任意の $z \in \Gamma \backslash H$ に対し $|u_j(z)| \leqq C$ が成り立つ．すると，任意の $y > 0$ に対し，

$$|a_j(n)\sqrt{y}K_{ir}(2\pi ny)| = \left|\int_0^1 u_j(z)e^{-2\pi inx}dx\right| \leqq \int_0^1 |u_j(z)|\,dx \leqq C$$

が成り立つ．ここで $y = \dfrac{1}{n}$ と選ぶと，任意の $n > 0$ に対し

$$\left|a_j(n)\sqrt{\dfrac{1}{n}}K_{ir}(2\pi)\right| \leqq C$$

が成り立つ．よって，$C_1 = CK_{ir}(2\pi)^{-1}$ とおけば，$|a_j(n)| \leqq C_1\sqrt{n}$ であるから，

$$\sum_{n=1}^\infty \left|\dfrac{a_j(n)}{n^s}\right| \leqq C_1 \sum_{n=1}^\infty \left|\dfrac{1}{n^{s-\frac{1}{2}}}\right|$$

であり，これは $\mathrm{Re}(s) > \dfrac{3}{2}$ で収束する． Q.E.D.

7.2 解析接続と関数等式

保型形式 u_j のゼータ関数 $L(s, u_j)$ の解析接続と関数等式は，次の定理で与えられる．

- **定理 7.2** 記号 u_j, r を，上述の通りとする．関数 $L(s, u_j)$ は全平面に解析接続される．さらに，

$$\widehat{L}(s, u_j) = \pi^{-s}\Gamma\left(\dfrac{s+\varepsilon+ir}{2}\right)\Gamma\left(\dfrac{s+\varepsilon-ir}{2}\right)L(s, u_j)$$

とおく．ただし，$\varepsilon = \varepsilon_j$ は

$$\varepsilon = \begin{cases} 0 & (u_j が偶のとき) \\ 1 & (u_j が奇のとき) \end{cases}$$

で定義する．このとき，次の関数等式が成り立つ．

$$\widehat{L}(s, u_j) = (-1)^\varepsilon \widehat{L}(1-s, u_j).$$

●**証明** u_j が偶の場合から示す．はじめに，広義積分

$$\int_0^\infty u_j(iy) y^{s-\frac{1}{2}} \frac{dy}{y} \tag{7.8}$$

の収束性を論ずる．$y \to \infty$ においては，u_j のフーリエ展開のうち $K_{ir}(2\pi ny)$ が指数関数的に減少するため，任意の $s \in \mathbb{C}$ に対して広義積分は収束する．次に，$\begin{pmatrix} 0 & -1 \\ 1 & 0 \end{pmatrix} \in \Gamma$ に関する u_j の保型性 $u_j(iy) = u_j(i/y)$ より，変数変換 $y \mapsto 1/y$ によって，$y \to 0$ の収束性は $y \to \infty$ における収束性に帰着されるので，広義積分は $y \to 0$ においても任意の $s \in \mathbb{C}$ に対して収束する．以上のことから，広義積分 (7.8) は任意の $s \in \mathbb{C}$ に対して収束する．

次に，以下の計算で L 関数との関係がわかる．u_j が偶なので，フーリエ展開は

$$\begin{aligned} u_j(z) &= \sum_{n=1}^\infty a_j(n) \sqrt{y} K_{ir}(2\pi ny)(e^{2\pi inx} + e^{-2\pi inx}) \\ &= 2 \sum_{n=1}^\infty a_j(n) \sqrt{y} K_{ir}(2\pi ny) \cos(2\pi nx) \end{aligned}$$

であるから，$\mathrm{Re}(s) > \dfrac{3}{2}$ に対し，

$$\begin{aligned} (7.8) &= \int_0^\infty 2 \sum_{n=1}^\infty a_j(n) \sqrt{y} K_{ir}(2\pi ny) y^{s-\frac{1}{2}} \frac{dy}{y} \\ &= 2 \int_0^\infty \sum_{n=1}^\infty a_j(n) K_{ir}(2\pi ny) y^s \frac{dy}{y} \\ &= 2 \int_0^\infty \sum_{n=1}^\infty \frac{1}{(2\pi n)^s} a_j(n) K_{ir}(2\pi ny)(2\pi ny)^s \frac{dy}{y} \\ &= \frac{2}{(2\pi)^s} L(s, u_j) \int_0^\infty K_{ir}(y) y^s \frac{dy}{y} \\ &= \frac{2}{(2\pi)^s} L(s, u_j) 2^{s-2} \Gamma\left(\frac{s+ir}{2}\right) \Gamma\left(\frac{s-ir}{2}\right) \\ &= \frac{1}{2\pi^s} L(s, u_j) \Gamma\left(\frac{s+ir}{2}\right) \Gamma\left(\frac{s-ir}{2}\right) \\ &= \frac{1}{2} \widehat{L}(s, u_j). \end{aligned} \tag{7.9}$$

これで，$\widehat{L}(s, u_j)$ を広義積分 (7.8) によって表せた．(7.8) が任意の $s \in \mathbb{C}$ に対し

て収束することから，$\widehat{L}(s, u_j)$，すなわち $L(s, u_j)$ は，任意の $s \in \mathbb{C}$ に解析接続される．

次に，関数等式を示す．保型性と変数変換 $y \mapsto 1/y$ を用いて，

$$(7.8) = \int_0^\infty u_j\left(\frac{i}{y}\right) y^{s-\frac{1}{2}} \frac{dy}{y} = \int_0^\infty u_j(iy) y^{\frac{1}{2}-s} \frac{dy}{y}.$$

右辺は (7.8) の s を $1-s$ で置き換えた式であるから，(7.9) により，$\frac{1}{2}\widehat{L}(1-s, u_j)$ に等しい．以上より，$\widehat{L}(s, u_j) = \widehat{L}(1-s, u_j)$ が示された．

次に，u_j が奇の場合に証明する．

$$v_j(z) = \frac{1}{4\pi i} \frac{\partial u_j}{\partial x}(z)$$

とおく．奇のときのフーリエ展開は

$$u_j(z) = \sum_{n=1}^\infty a_j(n)\sqrt{y} K_{ir}(2\pi ny)(e^{2\pi inx} - e^{-2\pi inx})$$
$$= 2i \sum_{n=1}^\infty a_j(n)\sqrt{y} K_{ir}(2\pi ny) \sin(2\pi nx)$$

であるから，

$$v_j(z) = \sum_{n=1}^\infty a_j(n) n\sqrt{y} K_{ir}(2\pi ny) \cos(2\pi nx).$$

ここで，広義積分

$$\int_0^\infty v_j(iy) y^{s+\frac{1}{2}} \frac{dy}{y} \tag{7.10}$$

の収束性を考えると，偶の場合と同様にして，$y \to \infty$，$y \to 0$ の双方において，広義積分 (7.10) は任意の $s \in \mathbb{C}$ に対して収束する．

次に，$\mathrm{Re}(s) > \frac{3}{2}$ に対し，

$$(7.10) = \int_0^\infty \sum_{n=1}^\infty a_j(n) n\sqrt{y} K_{ir}(2\pi ny) y^{s+\frac{1}{2}} \frac{dy}{y}$$
$$= \int_0^\infty \sum_{n=1}^\infty a_j(n) n K_{ir}(2\pi ny) y^{s+1} \frac{dy}{y}$$
$$= \int_0^\infty \sum_{n=1}^\infty \frac{1}{(2\pi n)^{s+1}} a_j(n) n K_{ir}(2\pi ny)(2\pi ny)^{s+1} \frac{dy}{y}$$

$$= \frac{1}{(2\pi)^{s+1}} L(s, u_j) \int_0^\infty K_{ir}(y) y^{s+1} \frac{dy}{y}$$

$$= \frac{1}{(2\pi)^{s+1}} L(s, u_j) 2^{s-1} \Gamma\left(\frac{s+1+ir}{2}\right) \Gamma\left(\frac{s+1-ir}{2}\right)$$

$$= \frac{1}{4\pi^{s+1}} L(s, u_j) \Gamma\left(\frac{s+1+ir}{2}\right) \Gamma\left(\frac{s+1-ir}{2}\right)$$

$$= \frac{1}{4\pi} \widehat{L}(s, u_j). \tag{7.11}$$

(7.10) が任意の $s \in \mathbb{C}$ に対して収束することから，$\widehat{L}(s, u_j)$, すなわち $L(s, u_j)$ は，任意の $s \in \mathbb{C}$ に解析接続される．

次に，関数等式を示す．保型性

$$u_j(z) = u_j\left(-\frac{1}{z}\right)$$

の両辺を x で偏微分して

$$\frac{\partial}{\partial x} u_j(z) = \frac{1}{z^2} \frac{\partial}{\partial x} u_j\left(-\frac{1}{z}\right).$$

$z = iy$ のとき，

$$\frac{\partial}{\partial x} u_j(iy) = -\frac{1}{y^2} \frac{\partial}{\partial x} u_j\left(\frac{i}{y}\right).$$

したがって,

$$v_j(iy) = -\frac{1}{y^2} v_j\left(\frac{i}{y}\right).$$

これと，変数変換 $y \mapsto 1/y$ を用いて,

$$(7.10) = -\int_0^\infty \frac{1}{y^2} v_j\left(\frac{i}{y}\right) y^{s+\frac{1}{2}} \frac{dy}{y}$$

$$= -\int_0^\infty v_j\left(\frac{i}{y}\right) y^{s-\frac{3}{2}} \frac{dy}{y}$$

$$= -\int_0^\infty v_j(iy) y^{\frac{3}{2}-s} \frac{dy}{y}.$$

これは (7.10) の s を $1-s$ で置き換え (-1) 倍した式であるから, (7.11) により, $-\frac{1}{4\pi} \widehat{L}(1-s, u_j)$ に等しい．以上より，$\widehat{L}(s, u_j) = -\widehat{L}(1-s, u_j)$ が示された．

Q.E.D.

以上，保型形式のゼータ関数が解析接続と関数等式を持つことを見てきた．証明から如実にわかるように，関数等式の源は保型性である．保型性が，積分表示を通じて，ゼータの関数等式という形に具現化されている．

なお，上の証明で用いた元 $\begin{pmatrix} 0 & -1 \\ 1 & 0 \end{pmatrix} \in \Gamma$ と，u_j のフーリエ展開の導出に用いた元 $\begin{pmatrix} 1 & 1 \\ 0 & 1 \end{pmatrix} \in \Gamma$ の2元によって，群 Γ は生成される．したがって，上の証明は，たまたま特定の元に関する保型性を用いたものではなく，群 Γ に関する保型性をフルに用いて解析接続と関数等式を示したものである．

以上で述べてきたことだけでも，保型形式がゼータの研究に重要であるかが見て取れるが，話はこれで終わりではない．実際，この逆の成立も確かめられている．すなわち，

　　保型形式のゼータ関数は関数等式を満たす

だけでなく，

　　（適当な条件下で）
　　関数等式を満たすゼータ関数は，ある保型形式のゼータ関数になっている

というタイプの定理も成り立つ．この種の定理は逆定理と呼ばれ，ヘッケ（1936年）が $SL(2,\mathbb{Z})$ の正則保型形式の場合に発見して以降，ヴェイユ（1967年）により合同部分群への一般化と指標付きへの一般化がなされ，1990年代以降に，コグデルやピアテツキシャピロらにより，マース・カスプ形式を含む他の群への一般化がなされた．

括弧内の「適当な条件」を正確に規定する作業は重要である．実際，関数等式を満たせば何でも保型形式のゼータであるかと言えば，そうではない．たとえば次章で述べるセルバーグ・ゼータ関数は，(少なくとも従来の意味での) 保型形式のゼータとしては表せない．

そうした微妙な議論はあるものの，数論的なゼータ関数に対しては，おおむね

　　　　　解析接続と関数等式　　⟺　　保型性

という図式が成り立つべきであると理解して良い．

7.3 ヘッケ作用素とオイラー積

本節では「保型形式のゼータ関数はオイラー積表示を持つか」という問題を考える.

前節まで，ゼータ関数 $L(s, u_j)$ の源であるマース・カスプ形式 u_j は，ラプラシアン Δ と，y 軸対称写像 ι から定義される作用素の同時固有関数であり，固有空間の基底を並べたものと定義していた. したがって, u_j には少なくとも定数倍の選択肢がある上に, 固有空間の次元が 2 以上の場合は, より多くの選び方があり得た.

ゼータ関数がオイラー積表示を持つことは，係数 $a(n)$ が乗法的であること，すなわち，互いに素な任意の自然数の組 (m, n) に対して

$$a(mn) = a(n)a(m)$$

が成り立つことと同値であるから，とくに $a(1) = 1$ が必要となる. したがって，定数倍の選択肢については，フーリエ係数の初項が $a(1) = 1$ となるように選ぶことで決定する.

固有空間が 1 次元の場合, これで u_j の選び方が決まる. こうして選んだ u_j に対し, $L(s, u_j)$ がオイラー積表示を持つことが, 後でわかる. それは, u_j がヘッケ作用素 $T(m)$ $(m = 1, 2, 3, \cdots)$ の同時固有関数になっており, $a(n)$ はヘッケ作用素 $T(n)$ の固有値に等しく, それは乗法的であることから従うのである.

固有空間の次元が 2 以上の場合, $a(1) = 1$ だけでは u_j が定まらないが, 固有空間の基底をヘッケ作用素 $T(m)$ $(m = 1, 2, 3, \cdots)$ の同時固有関数となるように選べることが示され, そのようにして選んだ u_j に対し, $L(s, u_j)$ がオイラー積を持つことがわかる.

では, $T(m)$ の定義を述べる. マース・カスプ形式に作用するヘッケ作用素 $T(m)$ を, 次のように定義する.

$$(T(m)u)(z) = \frac{1}{\sqrt{m}} \sum_{ad=m} \sum_{b=0}^{d-1} u\left(\frac{az+b}{d}\right).$$

一つ目の和は, $ad = m$ を満たすような自然数の組 (a, d) にわたる. たとえば, $m = p$（素数）のとき, $(a, d) = (1, p)$ と $(a, d) = (p, 1)$ の 2 つの項があり, $(a, d) = (1, p)$ のときは $b = 0, 1, 2, \cdots, p-1$ で, $(a, d) = (p, 1)$ のときは $b = 0$ のみとなるから,

$$(T(p)u)(z) = \frac{1}{\sqrt{p}}\left(\sum_{b=0}^{p-1} u\left(\frac{z+b}{p}\right) + u(pz)\right)$$

である.

さて,先ほどラプラシアンと可換な作用素として ι を紹介したが,$T(m)$ もまたラプラシアンと可換,すなわち $\Delta T(m) = T(m)\Delta$ を満たす.このことは,ラプラシアンが群 G の作用と可換であることからわかる.ヘッケ作用素は群作用の有限和であるからである.

また,$T(m)$ は,次のような乗法的な公式を満たすことが,定義を用いた計算により示される:

$$T(m)T(n) = \sum_{d \mid (m,n)} T\left(\frac{mn}{d^2}\right).$$

ここで,(m,n) は m と n の最大公約数を表す記号であり,d は (m,n) の約数の全体をわたる.たとえば,m と n が互いに素な場合,$(m,n) = 1$ だから $d = 1$ のみであり,上の乗法的な公式は,互いに素な整数の組 (m,n) に対する乗法性

$$T(m)T(n) = T(mn)$$

を意味する.したがって,$T(m)$ $(m \in \mathbb{Z})$ どうしは互いに可換であり,Δ と ι,それに $T(m)$ $(m \in \mathbb{Z})$ のすべての作用素が可換となる.これまで u は Δ と ι の同時固有関数としていたが,さらに $T(m)$ $(m \in \mathbb{Z})$ の同時固有関数であるように選ぶことができる.

また,互いに素でない例として,$m = p^j, n = p$ (p は素数) のときには $(m,n) = p$ であるから,$d = 1$ と $d = p$ の 2 項の和となり,

$$T(p^j)T(p) = T(p^{j+1}) + T(p)$$

となる.

本節の目標は $L(s, u_j)$ のオイラー積表示(定理 7.5)の証明である.以下,証明に必要な 2 つの命題を示す(命題 7.3, 7.4).

●**命題 7.3** マース・カスプ形式 $u(z)$ が,ヘッケ作用素 $T(p)$ (p は素数) の固有関数であるとする.$u(z)$ のフーリエ展開が (7.6) で与えられるとき,

第 7 章 保型形式のゼータ関数

$$(T(p)u)(z) = a(p)u(z)$$

が成り立つ. すなわち, ヘッケ作用素 $T(p)$ の固有値はフーリエ係数 $a(p)$ に等しい.

●**証明** $u(z)$ のフーリエ展開形 (7.6) に $T(p)$ を施して計算すると,

$$
\begin{aligned}
(T(p)u)(z) &= \frac{1}{\sqrt{p}} \left(\sum_{b=0}^{p-1} \sum_{n \in \mathbb{Z}-\{0\}} a(n) \sqrt{\frac{y}{p}} K_{ir}\left(2\pi|n|\frac{y}{p}\right) e^{2\pi i n \frac{x+b}{p}} \right. \\
&\qquad \left. + \sum_{n \in \mathbb{Z}-\{0\}} a(n) \sqrt{py} K_{ir}\left(2\pi|n|py\right) e^{2\pi i n p x} \right) \\
&= \sum_{n \in \mathbb{Z}-\{0\}} \left(\frac{1}{p} \sum_{b=0}^{p-1} e^{2\pi i n \frac{b}{p}} \right) a(n) \sqrt{y} K_{ir}\left(2\pi|n|\frac{y}{p}\right) e^{2\pi i n \frac{x}{p}} \\
&\qquad + \sum_{n \in \mathbb{Z}-\{0\}} a(n) \sqrt{y} K_{ir}\left(2\pi|n|py\right) e^{2\pi i n p x}.
\end{aligned}
$$

ここで,

$$\frac{1}{p} \sum_{b=0}^{p-1} e^{2\pi i n \frac{b}{p}} = \begin{cases} 1 & (p \mid n \text{ のとき}) \\ 0 & (p \nmid n \text{ のとき}) \end{cases}$$

であるから, 第 1 の和で n を np とおきかえて

$$
\begin{aligned}
(T(p)u)(z) &= \sum_{n \in \mathbb{Z}-\{0\}} a(pn) \sqrt{y} K_{ir}\left(2\pi|n|y\right) e^{2\pi i n x} \\
&\qquad + \sum_{n \in \mathbb{Z}-\{0\}} a(n) \sqrt{y} K_{ir}\left(2\pi|n|py\right) e^{2\pi i n p x}.
\end{aligned}
$$

この 2 つの無限和はよく似た形をしている. 2 つ目の和で np を n と置き直して, $e^{2\pi i n x}$ でくくって整理すると,

$$(T(p)u)(z) = \sum_{n \in \mathbb{Z}-\{0\}} \left(a(pn) + a\left(\frac{n}{p}\right) \right) \sqrt{y} K_{ir}\left(2\pi|n|y\right) e^{2\pi i n x} \qquad (7.12)$$

(ただし $\frac{n}{p}$ が整数でないとき $a\left(\frac{n}{p}\right) = 0$ と置く) となる. これが $(T(p)u)(z)$ のフーリエ展開である. 右辺の $n = 1$ の項は,

$$a(p)\sqrt{y}K_{ir}(2\pi y)$$

である．これは，u に $T(p)$ を施した際，フーリエ展開の $n=1$ の項が $a(p)$ 倍されることを意味している．u は $T(p)$ の固有関数であると仮定しているから，この値 $a(p)$ が固有値である． Q.E.D.

命題 7.4 任意の素数 p を一つ取り固定する．マース・カスプ形式 $u(z)$ が，ヘッケ作用素 $T(p)$ の固有関数であるとする．$u(z)$ のフーリエ展開が (7.6) で与えられるとき，フーリエ係数 $a(n)$ は，p に素な整数と p べきとの間で乗法的．すなわち，$p \nmid n$ ならば

$$a(p^j n) = a(p^j)a(n) \qquad (j = 1, 2, 3, \cdots) \tag{7.13}$$

が成り立つ．また，$a(n)$ は完全乗法的ではなく，

$$a(p^{j+1}) = a(p)a(p^j) - a(p^{j-1}) \qquad (j = 1, 2, 3, \cdots) \tag{7.14}$$

を満たす．

証明 前命題の証明中に得た $T(p)u$ のフーリエ展開 (7.12) と前命題の結論を合わせ考え，$T(p)u = a(p)u$ の両辺において第 n フーリエ係数を比較することにより，

$$a(pn) + a\left(\frac{n}{p}\right) = a(p)a(n). \tag{7.15}$$

これを用いて，まず (7.14) を示す．(7.15) で $n = p^j$ と置くと，

$$a(p^{j+1}) + a\left(p^{j-1}\right) = a(p)a(p^j).$$

よって (7.14) は成り立つ．

次に，(7.13) を j に関する帰納法で示す．まず，(7.15) において $p \nmid n$ のとき，$a\left(\dfrac{n}{p}\right) = 0$ であるから，

$$a(pn) = a(p)a(n) \qquad (p \nmid n).$$

よって，$j = 1$ のとき (7.13) は成り立つ．

次に，$p \nmid m$ なる任意の m に対して $a(p^{j-1}m) = a(p^{j-1})a(m)$ および $a(p^j m) =$

$a(p^j)a(m)$ を仮定し，$a(p^{j+1}m) = a(p^{j+1})a(m)$ を示す．(7.15) において $n = p^j m$ $(p \nmid m)$ とすると，

$$a(p^{j+1}m) + a(p^{j-1}m) = a(p)a(p^j m).$$

ここで帰納法の仮定を用いると，

$$a(p^{j+1}m) + a(p^{j-1})a(m) = a(p)a(p^j)a(m).$$

よって

$$a(p^{j+1}m) = (a(p)a(p^j) - a(p^{j-1}))a(m).$$

(7.14) より，

$$a(p^{j+1}m) = a(p^{j+1})a(m).$$

よって数学的帰納法により，(7.13) は証明された． Q.E.D.

●**定理 7.5** マース・カスプ形式 $u_j(z)$ が，ι とすべてのヘッケ作用素 $T(p)$ (p は素数) の同時固有関数であるとする．このとき，次のオイラー積表示が成り立つ．

$$L(s, u_j) = \prod_p \left(1 - a(p)p^{-s} + p^{-2s}\right)^{-1}.$$

●**証明** (7.13) より，

$$L(s, u_j) = \prod_p \left(1 + \frac{a(p)}{p^s} + \frac{a(p^2)}{p^{2s}} + \cdots\right).$$

よって，各素数 p に対し

$$\sum_{k=0}^{\infty} \frac{a(p^k)}{p^{ks}} = \left(1 - \frac{a(p)}{p^s} + \frac{1}{p^{2s}}\right)^{-1}$$

を示せばよい．

(7.14) において $k = j+1$ とおくと，

$$a(p^k) = a(p)a(p^{k-1}) - a(p^{k-2}) \quad (k = 2, 3, 4, \cdots).$$

$L(s, u_j)$ の定義式から $k = 0, 1$ の項を取り分け，$k \geq 2$ に対してはこの漸化式を用いてディリクレ級数の分子 $a(p^k)$ の k を下げて計算すると，

$$\sum_{k=0}^{\infty} \frac{a(p^k)}{p^{ks}} = 1 + \frac{a(p)}{p^s} + \sum_{k=2}^{\infty} \frac{a(p)a(p^{k-1}) - a(p^{k-2})}{p^{ks}}$$

$$= 1 + \frac{a(p)}{p^s} + \frac{a(p)}{p^s} \sum_{k=1}^{\infty} \frac{a(p^k)}{p^{ks}} - \frac{1}{p^{2s}} \sum_{k=0}^{\infty} \frac{a(p^k)}{p^{ks}}$$

$$= 1 + \frac{a(p)}{p^s} + \frac{a(p)}{p^s} \left(\sum_{k=0}^{\infty} \frac{a(p^k)}{p^{ks}} - 1 \right) - \frac{1}{p^{2s}} \sum_{k=0}^{\infty} \frac{a(p^k)}{p^{ks}}$$

$$= 1 + \frac{a(p)}{p^s} \sum_{k=0}^{\infty} \frac{a(p^k)}{p^{ks}} - \frac{1}{p^{2s}} \sum_{k=0}^{\infty} \frac{a(p^k)}{p^{ks}}.$$

k にわたる級数を左辺に移項してまとめると,

$$\left(1 - \frac{a(p)}{p^s} + \frac{1}{p^{2s}} \right) \sum_{k=0}^{\infty} \frac{a(p^k)}{p^{ks}} = 1. \qquad \text{Q.E.D.}$$

7.4 正則保型形式

正則カスプ形式についても,マース・カスプ形式と類似の事実が成り立つので,結果をまとめておく (歴史的には正則カスプ形式が先に発見された).

一般に,任意の $\begin{pmatrix} a & b \\ c & d \end{pmatrix} \in SL(2, \mathbb{Z})$ に対し

$$u\left(\frac{az+b}{cz+d}\right) = (cz+d)^k u(z) \qquad (7.16)$$

が成り立つような関数

$$u \colon H \to \mathbb{C}$$

を,$SL(2, \mathbb{Z})$ に関する重さ k の保型形式という.とくに,$u(z)$ が z の正則関数であれば**正則保型形式**という.前節までで扱ったマース・カスプ形式は,$SL(2, \mathbb{Z})$ に関する重さ 0 の非正則な保型形式である.

$SL(2, \mathbb{Z})$ に関する正則保型形式は,フーリエ展開

$$u(z) = \sum_{n=0}^{\infty} a(n) e^{2\pi i n z}$$

を持ち,このうち $a(0) = 0$ であるものを**正則カスプ形式**という.重さ k の正則カスプ形式の全体からなる集合 $S_k(SL(2, \mathbb{Z}))$ は,$\mathbb{C}$ 上の線形空間をなす.$u \in S_k(SL(2, \mathbb{Z}))$ に対し,

$$(T(p)u)(z) = \frac{1}{p}\sum_{l=0}^{p-1} u\left(\frac{z+l}{p}\right) + p^{k-1}u(pz) \qquad (p \text{ は素数}) \tag{7.17}$$

で定義される $S_k(SL(2,\mathbb{Z}))$ 上の作用素をヘッケ作用素と呼ぶ．$S_k(SL(2,\mathbb{Z}))$ の基底を，ヘッケ作用素の同時固有関数から選ぶことができる．そのような正則カスプ形式 u が $a(1) = 1$ を満たすとき，**正規化**されているという．

正規化されている正則カスプ形式 $u(z)$ に対し，そのゼータ関数を

$$L(s,u) = \sum_{n=1}^{\infty} \frac{a(n)}{n^s} \tag{7.18}$$

と定義すると，これは，$\mathrm{Re}(s) > \dfrac{k+1}{2}$ で絶対収束し，全平面に解析接続され，関数等式

$$\widehat{L}(s,u) = \widehat{L}(k-s,u) \qquad (\widehat{L}(s,u) = (2\pi)^{-s}\Gamma(s)L(s,u))$$

を満たす．また，$a(n)$ は乗法的であり，$L(s,u)$ は以下のオイラー積表示を持つ．

$$L(s,u) = \prod_p \left(1 - \frac{a(p)}{p^s} + \frac{1}{p^{2s-k+1}}\right)^{-1}$$

オイラー因子の分母の p^{-s} の多項式としての次数を，オイラー積の次数と呼ぶ．$L(s,u)$ は 2 次のオイラー積を持つ．これは，リーマン・ゼータ関数 $\zeta(s)$ やディリクレ L 関数のオイラー積が 1 次だったことに比べると，著しい特徴である．

歴史的には，ラマヌジャンが発見した $SL(2,\mathbb{Z})$ に関する重さ 12 の正則カスプ形式

$$\Delta(z) = f(q) = q\prod_{k=1}^{\infty}(1-q^k)^{24} \qquad (q = e^{2\pi i z}) \tag{7.19}$$

のゼータ関数 $L(s,\Delta)$ が，最初に発見された 2 次のオイラー積である（当時は予想）．このとき，$a(n) = \tau(n)$ とおき，$\tau(n)$ をラマヌジャンの τ 関数という．オイラー積は，

$$L(s,\Delta) = \prod_p \left(1 - \frac{\tau(p)}{p^s} + \frac{1}{p^{2s-11}}\right)^{-1} \tag{7.20}$$

となる．ラマヌジャン以降，保型形式の理論には大きな発展がみられた．現在では，一般に $GL(n)$ の保型形式のゼータ関数が n 次のオイラー積を持つことが知られている．

7.5 ラマヌジャン予想

本章の締めくくりに，ラマヌジャン予想について説明する．

（7.20）で見たように，ラマヌジャンが見出した2次のオイラー因子は，分母が $X = p^{-s}$ の2次式で

$$1 - \tau(p)X + p^{11}X^2 \tag{7.21}$$

であった．さて，2次式があると，その判別式の符号，すなわち，2次方程式の解の様子が興味の対象となる．ラマヌジャンは多くの $\tau(p)$ を計算した結果，(7.21) から作った2次方程式

$$1 - \tau(p)X + p^{11}X^2 = 0$$

は，2実解を持つことはないだろうと予想した．この予想を判別式で表現すれば，

$$\tau(p)^2 - 4p^{11} \leqq 0,$$

すなわち

$$|\tau(p)| \leqq 2p^{\frac{11}{2}}$$

となる．これが，ラマヌジャン予想（原型）である．一般の自然数 n に対しては，n の約数分の寄与があるため，

$$|\tau(n)| \leqq d(n)n^{\frac{11}{2}}$$

をラマヌジャン予想と呼ぶ．ただし，$d(n)$ は n の約数の個数である．

この予想は1973年にドリーニュによって証明されるまで半世紀以上も証明されず，数論の主要な未解決問題と位置づけられてきた．最近に至るまでラマヌジャン予想はより一般の保型形式に拡張され続けており，その中には，いまだ未解決なものもある．ラマヌジャン予想は，現代の数論における中心的問題の一つとなっている．現代では，ラマヌジャン予想はオイラー積を持つような任意のゼータ関数，L 関数にまで拡張されている．それは，以下のように定式化される．

> **ラマヌジャン予想（一般形）**
> ゼータ関数，L 関数のオイラー因子の，零点と極の実部は一定である．

ラマヌジャンの L 関数 $L(s, \Delta)$ の場合，上の 2 次方程式の両辺を X^2 で割り

$$X^{-2} - \tau(p)X^{-1} + p^{11} = 0$$

と書き換えて X^{-1} に関する 2 次方程式とみなせば，解の公式により

$$X^{-1} = \frac{\tau(p) \pm \sqrt{\tau(p)^2 - 4p^{11}}}{2}$$

となる．ラマヌジャン予想（原型）を仮定すると，根号の部分が純虚数となるので，

$$X^{-1} = \frac{\tau(p) \pm \left(\sqrt{4p^{11} - \tau(p)^2}\right)i}{2}$$

と実部と虚部に分けて表記できる．これより絶対値の 2 乗を計算すると，

$$|X|^{-2} = \frac{\tau(p)^2 + \left(\sqrt{4p^{11} - \tau(p)^2}\right)^2}{4} = p^{11}.$$

したがって，

$$|X|^{-1} = p^{\frac{11}{2}}.$$

$X = p^{-s}$ と置いていたから，$|X|^{-1} = p^{\mathrm{Re}(s)}$ であり，これより

$$\mathrm{Re}(s) = \frac{11}{2}$$

となって，実部が一定となる．よって，ラマヌジャン予想（原型）の下でラマヌジャン予想（一般形）が成立する．

逆に，ラマヌジャン予想（一般形）が成り立つとすると，上で行った計算から，解の公式で得た根号の部分は純虚数でなくてはならない．そうでなければ $|X|$ が $\tau(p)$ によるため，$\mathrm{Re}(s)$ が一定にならないからである．したがって，ラマヌジャン予想（一般形）を仮定するとラマヌジャン予想（原型）が成り立つ．

以上のことから，$L(s, \Delta)$ に対して

ラマヌジャン予想（原型） $\iff$ ラマヌジャン予想（一般形）

が成立する．

ラマヌジャン予想（一般形）を，これまでに見てきた他のゼータ関数や L 関数に当てはめると，どうなるだろうか．たとえばリーマン・ゼータ関数 $\zeta(s)$ はラマヌジャン

予想を満たしているのだろうか．それにはオイラー因子の分母
$$1 - p^{-s}$$
の零点を求めてみればよい．すると，$p^{-s} = 1$ より，$1 = |p^{-s}| = p^{-\text{Re}(s)}$ となるから $\text{Re}(s) = 0$ となり，$\zeta(s)$ はラマヌジャン予想を満たすことがわかる．ディリクレの L 関数の場合も同様であり，$|\chi(p)| = 1$ に注意すれば
$$1 - \chi(p)p^{-s} = 0$$
より，$1 = |\chi(p)p^{-s}| = |\chi(p)||p^{-s}| = p^{-\text{Re}(s)}$ となるから $\text{Re}(s) = 0$ となる．これらの計算からわかるように，オイラー積が 1 次である場合，ラマヌジャン予想は自明に成立する．ラマヌジャン予想が問題となるのは，オイラー積が 2 次以上の場合である．

$GL(2)$ のマース・カスプ形式 $u(z)$ のゼータ関数 $L(s, u)$ のラマヌジャン予想は
$$|a(n)| \leqq d(n)$$
である．これは，数論の主要未解決問題の一つとされている．

第8章
セルバーグ・ゼータ関数

　セルバーグ・ゼータ関数は，リーマン・ゼータ関数の類似物で，1956年にセルバーグによって発見された．オイラー積で定義されるが，積は素数にわたるのではなく，群の素双曲型共役類，あるいは多様体の素測地線（または力学系における周期軌道）という，一見したところ素数とは無関係な対象にわたる．それによってセルバーグ・ゼータは「群 Γ のゼータ」「多様体 M のゼータ」（または「$\mathbb{R}$-力学系 φ のゼータ」）として定義される．

　前章では，保型形式のゼータ関数を「解析接続と関数等式を満たすゼータ関数」であると説明した．それは，数論的ゼータ関数の未解決の予想の解明のために，逆に，その予想を満たすようなゼータ関数の集合を考えるという発想であった．

　本章で扱うセルバーグ・ゼータ関数も，それと同じ意味で逆方向の発想によって生まれたゼータ関数であるといえる．セルバーグ・ゼータ関数は，大雑把に表現してしまうと，「リーマン予想を満たすようなゼータ関数」であるからだ．

　したがって，リーマン・ゼータ関数に対する元来のリーマン予想を解くには，「リーマン・ゼータが何らかの群 Γ（あるいは何らかの多様体 M）のセルバーグ・ゼータ関数であること」を示せばよいことになる．

　セルバーグ・ゼータ関数では，どのようにしてリーマン予想が成り立っているのか，その仕組みを知ることは，本来のリーマン予想研究にとって有用であろう．本章では，セルバーグ・ゼータ関数がリーマン予想の類似を満たす仕組みに重点を置いて解説する．

8.1 セルバーグ・ゼータ関数の定義

　多様体 M のセルバーグ・ゼータ関数の定義を，M が双曲型リーマン面の場合に述べる．ここで，リーマン面が双曲型であるとは，任意の点における曲率が負で一定であることを言う．前章の (7.1)(7.2) で定義した双曲平面 H は，負で一定の曲率を

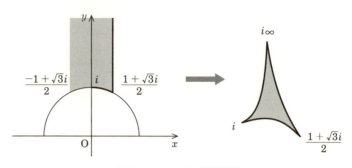

図 8.1 $SL(2, \mathbb{Z})$ の基本領域

持つ単連結な空間であるから，任意の双曲型リーマン面の普遍被覆空間となる．また，一次分数変換（7.3）は H 上の等長写像であり，逆に，H に作用する等長写像は一次分数変換であることも知られている．よって，任意の M に対し，その基本群を $\Gamma = \pi_1(M)$ とおくと，Γ は群

$$SL(2, \mathbb{R}) = \left\{ \begin{pmatrix} a & b \\ c & d \end{pmatrix} \,\middle|\, ad - bc = 1,\ a, b, c, d \in \mathbb{R} \right\}$$

の部分群 Γ としての表示を持つ．Γ の H への作用の基本領域が $M = \Gamma \backslash H$ である．たとえば，前章で扱った群 $\Gamma = SL(2, \mathbb{Z})$ の場合，M は図 8.1 の左側の図の灰色部分（境界は $x \geq 0$ の部分のみ含む）として表される．

ここで「リーマン面」および「(リーマン) 多様体」という用語は，通常幾何学で用いる定義をやや拡張し，滑らかでない点（錐点）があるものも含めている．モジュラー群 $\Gamma = SL(2, \mathbb{Z})$ の場合，基本領域は図 8.1 で $z = i, \dfrac{1+\sqrt{3}i}{2}$ という 2 個の錐点を持つが，このときの $M = \Gamma \backslash H$ はモジュラー面と呼ばれ，最も典型的な数論的多様体であると位置づけられている．

本書では，一貫して，M が面積有限であるとする．このとき，Γ の元 γ を，H 上への作用の固定点の様子によって 4 種に分類する．まず，固定点が全体となるのは $\gamma = \pm \begin{pmatrix} 1 & 0 \\ 0 & 1 \end{pmatrix}$ である．次に，H 内にただ 1 つの固定点を持つのは $|\mathrm{tr}(\gamma)| < 2$ の場合であり，このとき，γ を楕円型と呼ぶ．H 内に固定点を持たず，H の境界 $\mathbb{R} \cup \{i\infty\}$ 上に 2 個の固定点を持つのは $|\mathrm{tr}(\gamma)| > 2$ の場合であり，このとき，γ を双曲型と呼ぶ．2 個の固定点が一致して $\mathbb{R} \cup \{i\infty\}$ 内で重解となるのは $|\mathrm{tr}(\gamma)| = 2$

$\left(\text{ただし} \gamma \neq \pm \begin{pmatrix} 1 & 0 \\ 0 & 1 \end{pmatrix}\right)$ の場合であり，このとき，γ を**放物型**と呼ぶ．共役な元同士は型が等しいので，各共役類に対して型が定義される．

M がコンパクトであることは，Γ が放物型共役類を持たないことと同値であり，M が滑らかである（錐点を持たない）ことは，Γ が楕円型共役類を持たないことと同値である．

群 Γ（あるいは多様体 M）のセルバーグ・ゼータ関数を

$$\zeta_\Gamma(s) = \prod_p (1 - N(p)^{-s})^{-1} \tag{8.1}$$

あるいは

$$Z_\Gamma(s) = \prod_p \prod_{n=0}^{\infty} (1 - N(p)^{-s-n}) \tag{8.2}$$

と定義する．(8.1)(8.2) ともに $\mathrm{Re}(s) > 1$ で絶対収束することが知られている．ここで，各々のオイラー積は，群 Γ の素な双曲型共役類 p の全体にわたる．群の共役類が素であるとは，他の共役類の 2 乗以上のべきで表せないことである．また，$N(p)$ は共役類 p のノルムと呼ばれ，p の固有値のうち大きい方の 2 乗として定義される．この値は，2 次行列 p を対角化したときに，その対角行列が一次分数変換でスカラー倍として作用する際のスカラーである．

2 つの定義式 (8.1) と (8.2) との間に

$$\frac{Z_\Gamma(s+1)}{Z_\Gamma(s)} = \zeta_\Gamma(s)$$

という関係が成り立つことはすぐにわかる．よって，$\zeta_\Gamma(s)$ の解析的性質は，$Z_\Gamma(s)$ の性質からわかる．$Z_\Gamma(s)$ は跡公式と直接結び付くため調べやすいので，通常は主として $Z_\Gamma(s)$ の性質を考える．

8.2 セルバーグ跡公式（コンパクト・リーマン面）

後ほど見るように，セルバーグ・ゼータ関数は解析接続と関数等式を持ち，リーマン予想の類似をほとんど満たす．それらは，すべて，セルバーグ跡公式と呼ばれる恒等式から得られる．本節では，$M = \Gamma \backslash H$ がコンパクト・リーマン面の場合に跡公式 (Trace Formula, TF) の概要を解説する．コンパクトであるから Γ は放物型共役類

を持たない．また，リーマン面は滑らかであると仮定するので，Γ は楕円型共役類を持たない．

セルバーグ跡公式とは，積分作用素

$$Lf(z) = \int_H k(z, z')f(z')dz' \tag{8.3}$$

の跡（トレース）を「対角和」と「固有値の和」の 2 通りに計算し，等号でつないだものである．ただし，H 上の 2 変数関数 $k(z, z')$ と 1 変数関数 $f(z)$ は，次の条件を満たすとする．

(TF1) $k(z, z')$ は，2 点間の双曲距離 $\rho(z, z')$ のみによる．すなわち，ある 1 変数関数 $h(t)$ を用いて $k(z, z') = h\left(\dfrac{|z-w|^2}{4\mathrm{Im}(z)\mathrm{Im}(w)}\right)$ と表せる．

(TF2) $k(z, z')$ は Γ-不変である．すなわち，任意の $g \in G$ と任意の $z, z' \in X$ に対し，$k(z, z') = k(gz, gz')$ が成立する（記号 gz は，g が z に作用した結果の点を表す）．

(TF3) k すなわち L が作用する関数 f は Γ-不変である．すなわち，任意の $\gamma \in \Gamma$ と任意の $z \in M$ に対し，$f(z) = f(\gamma z)$ が成立する．

一点，(TF1) について，双曲距離に関する補足をする．正の実数上の単調増加関数を

$$u(d) = \frac{\cosh d - 1}{2}$$

とおき，$u(d(z, w))$ を実際に計算してみると，

$$u(d(z, w)) = \frac{|z-w|^2}{4\mathrm{Im}(z)\mathrm{Im}(w)}$$

となる．このことから，双曲距離の関数は

$$\frac{|z-w|^2}{\mathrm{Im}(z)\mathrm{Im}(w)}$$

の関数であることがわかる．そこで，h を (TF1) のように置くことができる．

定理 8.1（セルバーグ跡公式（コンパクト・リーマン面）） 条件 (TF1) 〜 (TF3) を満たす 2 変数関数 $k(z, z')$ と，(TF1) で定まる関数 h と，h から変換

$$g(w) = \int_{\sinh^2 \frac{w}{2}}^{\infty} \frac{h(t)}{\sqrt{t - \sinh^2 \frac{w}{2}}} dt$$

で定まる関数 g に対し，次式が成り立つ．

$$\widehat{g}(0)\mathrm{vol}(\Gamma\backslash X) + \sum_p \sum_{k=1}^{\infty} \frac{\log N(p)}{N(p)^{\frac{k}{2}} - N(p)^{-\frac{k}{2}}} g(\log N(p)^k) = \sum_{\lambda:\ \Delta \text{ の固有値}} \widehat{g}(\lambda). \tag{8.4}$$

ただし，Δ は (7.4) で定義されるラプラシアンであり，$\widehat{g}$ は g のフーリエ変換である．

●**証明** H の任意の元 z' は，多様体すなわち基本領域 $\Gamma\backslash H$ の点 z_0 と基本群の元 $\gamma \in \Gamma$ を用いて $z' = \gamma z_0$ と表すことができ，この表し方は一意的である．したがって，(8.3) は，

$$Lf(z) = \sum_{\gamma \in \Gamma} \int_{\Gamma\backslash H} k(z, \gamma z_0) f(\gamma z_0) dz_0$$

のように書き換えられる．さらに (TF3) により

$$Lf(z) = \sum_{\gamma \in \Gamma} \int_{\Gamma\backslash H} k(z, \gamma z_0) f(z_0) dz_0$$

となる．ここで，記号 z_0 を改めて z' と置きなおすと，

$$Lf(z) = \sum_{\gamma \in \Gamma} \int_{\Gamma\backslash H} k(z, \gamma z') f(z') dz'$$

となる．$\mathrm{tr}(L)$ の第一の形である「対角和」は，ここで $z = z'$ として

$$\mathrm{tr}(L) = \sum_{\gamma \in \Gamma} \int_{\Gamma\backslash H} k(z, \gamma z) dz \tag{8.5}$$

となる．

(8.5) の各積分は，群 Γ の各元 γ に対して定義されるが，これは Γ 内の共役な元については等しくなる．実際，γ, γ' が共役のとき，ある $\gamma_0 \in \Gamma$ が存在して $\gamma = \gamma_0^{-1} \gamma' \gamma_0$ が成り立つ．このとき，$dz = \dfrac{dxdy}{y^2}$ に対して

$$\int_{\Gamma\backslash H} k(z, \gamma z) dz = \int_{\Gamma\backslash H} k(z, \gamma_0^{-1} \gamma' \gamma_0 z) dz$$
$$= \int_{\Gamma\backslash H} k(\gamma_0 z, \gamma' \gamma_0 z) dz$$
$$= \int_{\Gamma\backslash H} k(z, \gamma' z) d\gamma_0 z \quad (\gamma_0 z \text{ を改めて } z \text{ とおいた})$$

となる．$dz = \dfrac{dxdy}{y^2}$ のとき，$d\gamma_0 z = dz$ であることが計算により確かめられるので，結局

$$\int_{\Gamma\backslash H} k(z, \gamma z) dz = \int_{\Gamma\backslash H} k(z, \gamma' z) dz$$

となる．よって (8.5) は，γ と γ' で等しい．

そこで，(8.5) の各項のうち，共役な γ の項をまとめて計算する．上の $\gamma_0 \in \Gamma$ を与えるたびに γ' は決まるわけだが，異なる γ_0 が必ずしも異なる γ' に対応するとは限らない．実際，γ_0 が γ と可換な元 α と γ_1 の積に $\gamma_0 = \gamma_1 \alpha$ と分解されたとすると，

$$\gamma' = \gamma_0 \gamma \gamma_0^{-1} = (\gamma_1 \alpha) \gamma (\gamma_1 \alpha)^{-1} = \gamma_1 \alpha \gamma \alpha^{-1} \gamma_1^{-1} = \gamma_1 \gamma \gamma_1^{-1}$$

となり，γ_0 と γ_1 は同じ共役元 γ' に対応する．したがって，γ と可換な元 α の分だけ重複があることになる．γ と可換な元の全体からなる Γ の部分群（これを**正規化群**という）を Γ_γ と置くと，$\gamma_0 \in \Gamma_\gamma \backslash \Gamma$ がわたることで異なる共役元が得られる．そこで (8.5) のうち，γ に共役な元たちの項をまとめると，

$$\sum_{\gamma_0 \in \Gamma_\gamma \backslash \Gamma} \int_{\Gamma\backslash H} k(z, \gamma_0^{-1} \gamma \gamma_0 z) dz$$

となる．これは，跡公式の（TF2）を用いて

$$\sum_{\gamma_0 \in \Gamma_\gamma \backslash \Gamma} \int_{\Gamma\backslash H} k(\gamma_0 z, \gamma \gamma_0 z) dz$$

に等しく，さらに $\gamma_0 z$ を改めて z と置き直すと，和と積分が，積分範囲を広げた一つの積分で

$$\int_{\Gamma_\gamma \backslash H} k(z, \gamma z) dz$$

と書ける．

したがって，(8.5) は Γ の共役類の集合 $\mathrm{Conj}(\Gamma)$ を用いて

$$\sum_{\gamma \in \mathrm{Conj}(\Gamma)} \int_{\Gamma_\gamma \backslash H} k(z, \gamma z) dz \tag{8.6}$$

と表される．

以下，各共役類 γ の型ごとに積公式 (8.6) を計算する．はじめに，$\gamma = \pm \begin{pmatrix} 1 & 0 \\ 0 & 1 \end{pmatrix}$ の場合に計算する．この 2 元はそれぞれ，単独で共役類をなしている．$\Gamma_\gamma = \Gamma$ だから，(8.6) の積分は (TF1) を用いることにより，2 元ともそれぞれ次式に等しい．

$$\int_{\Gamma \backslash H} k(z, z) dz = \int_{\Gamma \backslash H} h(z - z) dz = \int_{\Gamma \backslash H} h(0) dz = h(0) \mathrm{vol}(\Gamma \backslash H). \tag{8.7}$$

次に，γ が双曲型の場合に計算する．Γ の素な双曲型共役類の全体を $\mathrm{Prim}(\Gamma)$ と書くと，積公式 (8.6) のうち双曲型の項は次のように表せる．

$$\sum_{p \in \mathrm{Prim}(\Gamma)} \sum_{k=1}^{\infty} \int_{\Gamma_p \backslash H} k(z, p^k z) dz. \tag{8.8}$$

なお，べき乗の正規化群はもとの元の正規化群と同じである事実 ($\Gamma_{p^k} = \Gamma_p$) を用いた．ここで，行列 p, p^k の G 内での対角化を

$$q^{-1} p q = \begin{pmatrix} \beta & 0 \\ 0 & \beta^{-1} \end{pmatrix}, \quad q^{-1} p^k q = \begin{pmatrix} \beta^k & 0 \\ 0 & \beta^{-k} \end{pmatrix} \quad (\beta > 1)$$

と置き，(8.8) の積分内の p^k を $\begin{pmatrix} \beta^k & 0 \\ 0 & \beta^{-k} \end{pmatrix}$ で置き換える方針で計算する．まず，(8.8) の積分で z を qz で置き換えて，

$$\int_{q^{-1}(\Gamma_p \backslash H)} k(qz, p^k q z) dz.$$

これは，(TF2) を用いると

$$\int_{q^{-1}(\Gamma_p \backslash H)} k(z, q^{-1} p^k q z) dz,$$

すなわち

$$\int_{q^{-1}(\Gamma_p \backslash H)} k(z, \begin{pmatrix} \beta^k & 0 \\ 0 & \beta^{-k} \end{pmatrix} z) dz = \int_{q^{-1}(\Gamma_p \backslash H)} k(z, \beta^{2k} z) dz$$

に等しい．積分範囲は Γ_p の基本領域であり，どの基本領域を取っても積分の結果は同じになるから，一番わかりやすい基本領域を取ればよい．行列 $\begin{pmatrix} \beta & 0 \\ 0 & \beta^{-1} \end{pmatrix}$ は上半平面の点を β^2 倍する写像だから，たとえば基本領域として

$$-\infty < x < \infty, \qquad 1 \leqq y < \beta^2$$

が取れる．では，(TF1) を用いて積分を計算していく．

$$\iint_{\substack{-\infty < x < \infty \\ 1 \leqq y < \beta^2}} k(z, \beta^{2k} z) dz = \iint_{\substack{-\infty < x < \infty \\ 1 \leqq y < \beta^2}} h\left(\frac{|z - \beta^{2k} z|^2}{\beta^{2k} y^2}\right) dz$$

$$= \int_1^{\beta^2} \int_0^{\infty} h\left(\frac{(\beta^{2k} - 1)^2}{\beta^{2k}}\left(1 + \frac{x^2}{y^2}\right)\right) dx \frac{dy}{y^2}.$$

積分変数 x を変数変換 $t = \dfrac{(\beta^{2k} - 1)^2}{\beta^{2k}}\left(1 + \dfrac{x^2}{y^2}\right)$ により書き換えると，次のように計算が進められる．

$$\int_1^{\beta^2} \frac{dy}{y} \int_{\beta^{2k} + \frac{1}{\beta^{2k}} - 2}^{\infty} h(t) \frac{\beta^{2k}}{(\beta^{2k} - 1)\sqrt{\beta^{2k} t - (1 - \beta^{2k})^2}} dt$$

$$= (\log \beta^2) \frac{\beta^k}{\beta^{2k} - 1} \int_{\beta^{2k} + \frac{1}{\beta^{2k}} - 2}^{\infty} \frac{h(t)}{\sqrt{t - (\beta^{2k} + \beta^{-2k} - 2)}} dt$$

$$= (\log \beta^2) \frac{1}{\beta^k - \beta^{-k}} \int_{\beta^{2k} + \frac{1}{\beta^{2k}} - 2}^{\infty} \frac{h(t)}{\sqrt{t - (\beta^{2k} + \beta^{-2k} - 2)}} dt.$$

最後の定積分は複雑な形をしているが，t は積分変数であり，定積分の結果は β^{2k} の関数である．そこでその関数を $g(\log \beta^{2k})$ であらわすと，上の積分計算の結果は最終的に

$$(\log \beta^2) \frac{1}{\beta^k - \beta^{-k}} g(\log \beta^{2k})$$

となり，求める結論を得る．ノルムの記号 $N(p) = \beta^2$ を用いて書き直すと，

$$\frac{\log N(p)}{N(p)^{k/2} - N(p)^{-k/2}} g(\log N(p)^k) \tag{8.9}$$

となる．

これで (8.5) の計算を完了した．結果は，(8.7) (8.9) より，

$$2h(0)\mathrm{vol}(\Gamma\backslash H) + \sum_{p\in\mathrm{Prim}(\Gamma)}\sum_{k=1}^{\infty}\frac{\log N(p)}{N(p)^{k/2}-N(p)^{-k/2}}g(\log N(p)^k) \quad (8.10)$$

である．以上が，$\mathrm{tr}(L)$ を対角和と見たときの計算結果である．

次に，$\mathrm{tr}(L)$ を固有値の和と見たときの結果を述べる．セルバーグ理論により，L の固有値はラプラシアン Δ の固有値 λ の関数であり，しかも，g のフーリエ変換 $\widehat{g}$ に λ を代入したものとなる．すなわち，

$$\sum_{\lambda:\ \Delta\ \text{の固有値}} \widehat{g}(\lambda) \quad (8.11)$$

となる．セルバーグ理論については，本書では説明を省略するが，本シリーズに刊行される『セルバーグ・ゼータ関数』に詳しく述べる．また，

> 黒川信重・小山信也『リーマン予想のこれまでとこれから』日本評論社，2009 年

の第 9 章で，セルバーグ跡公式がポアソン和公式の一般化であるとの立場から，ポアソン和公式との類似でセルバーグ理論を説明したので，興味のある読者はそちらを参照されたい．

以上，(8.10)（8.11）により，求める結論を得る． Q.E.D.

8.3 解析接続と関数等式

リーマン・ゼータ関数のときと同様，セルバーグ・ゼータ関数 $Z_\Gamma(s)$ も適当なガンマ因子を補うと完備セルバーグ・ゼータ関数が得られ，解析接続や関数等式が示される．

滑らかなコンパクト・リーマン面のセルバーグ・ゼータ関数のガンマ因子は次式で与えられる：

$$Z_{\Gamma,I}(s) = \left(\frac{\Gamma_2(s)^2(2\pi)^s}{\Gamma(s)}\right)^{2\mathrm{g}-2}.$$

ただし，g はリーマン面の種数である．また，$\Gamma_2(s)$ は 2 重ガンマ関数であり，これは次式で定義される全平面で有理型な関数である．

$$\frac{1}{\Gamma_2(s+1)} = (2\pi)^{\frac{s}{2}}e^{-\frac{s}{2}-\frac{\gamma+1}{2}}\prod_{k=1}^{\infty}\left(1+\frac{s}{k}\right)^k e^{-s+\frac{s^2}{2k}} \quad (\gamma\text{はオイラー定数}).$$

このガンマ因子を補った**完備セルバーグ・ゼータ関数**

$$\widehat{Z}_\Gamma(s) = Z_{\Gamma,I}(s) Z_\Gamma(s)$$

は，次の定理に述べるように，上半平面 H 上のラプラシアン（7.4）の行列式として表示される．

> **定理 8.2**　(1) M を滑らかなコンパクト・リーマン面とする．具体的に計算可能な定数 c, c' を用いて，$\Gamma = \pi_1(M)$ の完備セルバーグ・ゼータ関数 $\widehat{Z}_\Gamma(s)$ は，次のようにラプラシアン Δ の行列式として表せる．
>
> $$\widehat{Z}_\Gamma(s) = e^{c+c's(1-s)} \det(\Delta - s(1-s)).$$
>
> ただし，$\det(\Delta - s(1-s)s)$ の詳細な定義は以下に述べる．
>
> (2) $Z_\Gamma(s)$ は全平面に解析接続され，関数等式 $\widehat{Z}_\Gamma(s) = \widehat{Z}_\Gamma(1-s)$ を持つ．

ラプラシアンの行列式 $\det(\Delta - s(1-s))$ の定義を説明する．通常，行列式とは，すべての固有値の積のことであるが，今の場合，ラプラシアンは可算無限個の固有値を持つ．固有値は

$$0 = \lambda_0 < \lambda_1 \leqq \lambda_2 \leqq \cdots \uparrow \infty$$

と無限大に発散する非負の実数列をなす．したがって，すべての固有値の積を考えると無限大になってしまい意味をなさない．そこで，発散無限列の積を考えるための方法として，**ゼータ正規化積**がある．まずそれを説明する．

正数からなる無限列 $\boldsymbol{a} = \{a_n\}_{n=1}^\infty$ があり，その無限積が

$$\prod_{n=1}^\infty a_n = \infty$$

であるとする．この積を単に無限大と考えるのではなく，何らかの意味のある値を見出すために，まず，この数列を用いて次のようなゼータ関数を定義する．

$$\zeta_{\boldsymbol{a}}(s) = \sum_{n=1}^\infty \frac{1}{a_n^s}. \tag{8.12}$$

ゼータ正規化は，この $\zeta_{\boldsymbol{a}}(s)$ が収束域を持ち，$s=0$ に解析接続される場合に可能である．a_n のゼータ正規化積は，次で定義される：

$$\prod_{n=1}^{\infty} a_n = \exp\left(-\zeta_{\boldsymbol{a}}'(0)\right). \tag{8.13}$$

$s=0$ は収束域に入っていないので，$\zeta_{\boldsymbol{a}}'(0)$ を計算するために定義式（8.12）を用いることはできない．だが仮に形式的にこれを用いたとすると，計算結果は無限積

$$\prod_{n=1}^{\infty} a_n$$

に等しくなる．$\zeta_{\boldsymbol{a}}'(0)$ は，正しくは $\zeta_{\boldsymbol{a}}(s)$ の解析接続を用いて得られる値だから，(8.13) の値は，この無限積の値を解析接続によって正しく得たものに相当する．これがゼータ正規化の考え方である．

そこで，ラプラシアンの行列式 $\det(\Delta - s(1-s))$ を，固有値にわたるゼータ正規化積（定義 (8.13)）として

$$\det_D(\Delta - s(1-s)) = \exp\left(-\left.\frac{\partial}{\partial w}\right|_{w=0} \zeta(w, s, \Delta)\right),$$

$$\zeta(w, s, \Delta) = \sum_{n=0}^{\infty} (\lambda_n - s(1-s))^{-w} \qquad (\mathrm{Re}(w) > 1)$$

と定義する．固有値 λ_n を $-s(1-s)$ だけずらして積をとっている．

これで，定理 8.2 に登場した記号の説明を終わったので，以下，定理 8.2 の証明を行なう．

● **証明** （2）は（1）より直ちに従うので，以下（1）を示す．定理 8.1 は，条件を満たす任意の関数 k, h, g に対して成り立つ恒等式である．そこで，以下の $g(u)$ を適用する．

$$g(u) = \frac{1}{2s-1} e^{-u\left(s-\frac{1}{2}\right)} - \frac{1}{2\beta} e^{-u\beta} \qquad \left(\mathrm{Re}(s) > 1,\ \beta > \frac{1}{2}\right). \tag{8.14}$$

このとき，対応する $\widehat{g}$ は，

$$\widehat{g}(r) = \frac{1}{r^2 + \left(s-\frac{1}{2}\right)^2} - \frac{1}{r^2 + \beta^2} \tag{8.15}$$

で与えられる．跡公式 (8.4) の p にわたる和（双曲型の項）を $H(s)$ とおくと，

$$\begin{aligned}
\frac{d}{ds}H(s) &= \frac{d}{ds}\left(\sum_p \sum_{k=1}^{\infty} \frac{\log N(p)}{N(p)^{\frac{k}{2}} - N(p)^{-\frac{k}{2}}} g(\log N(p)^k)\right) \\
&= \frac{d}{ds}\left(\frac{1}{2s-1}\sum_p \sum_{k=1}^{\infty} \frac{\log N(p)}{N(p)^{\frac{k}{2}} - N(p)^{-\frac{k}{2}}} N(p)^{-(s-\frac{1}{2})k}\right) \\
&= \frac{d}{ds}\left(\frac{1}{2s-1}\sum_p \sum_{k=1}^{\infty} \frac{\log N(p)}{1 - N(p)^{-k}} N(p)^{-sk}\right) \\
&= \frac{d}{ds}\left(\frac{1}{2s-1}\sum_p \sum_{k=1}^{\infty} \frac{\log N(p)}{N(p)^{sk}} \sum_{n=0}^{\infty} N(p)^{-nk}\right) \\
&= \frac{d}{ds}\left(\frac{1}{2s-1}\sum_p \sum_{k=1}^{\infty} \sum_{n=0}^{\infty} (\log N(p))N(p)^{(-s-n)k}\right) \\
&= \frac{d}{ds}\left(\frac{1}{2s-1}\frac{d}{ds}\left(-\sum_p \sum_{k=1}^{\infty} \sum_{n=0}^{\infty} \frac{N(p)^{(-s-n)k}}{k}\right)\right) \\
&= \frac{d}{ds}\left(\frac{1}{2s-1}\frac{d}{ds}\sum_p \sum_{n=0}^{\infty} \log(1 - N(p)^{-s-n})\right) \\
&= \frac{d}{ds}\left(\frac{1}{2s-1}\frac{d}{ds}\log \prod_p \prod_{n=0}^{\infty}(1 - N(p)^{-s-n})\right) \\
&= \frac{d}{ds}\left(\frac{1}{2s-1}\frac{d}{ds}\log Z_\Gamma(s)\right). \quad (8.16)
\end{aligned}$$

次に,跡公式 (8.4) の単位元の項を $I(s)$ とおくと,(8.15) より

$$\frac{d}{ds}I(s) = \frac{d}{ds}\left(\frac{1}{2s-1}\frac{d}{ds}\log Z_{\Gamma,I}(s)\right) \quad (8.17)$$

が成り立つことが,計算により確かめられる.

一方,跡公式 (8.4) の固有値の項を $\mathrm{Tr}(s)$ とおく.固有値列を $\lambda_n = r_n^2 + \frac{1}{4}$ ($n = 0, 1, 2, 3, \cdots$) とおけば,

$$\begin{aligned}
\frac{d}{ds}\mathrm{Tr}(s) &= \frac{d}{ds}\sum_{n=0}^{\infty}\left(\frac{1}{r_n^2 + \left(s - \frac{1}{2}\right)^2} - \frac{1}{r_n^2 + \beta^2}\right) \\
&= -\sum_{n=0}^{\infty} \frac{2s-1}{\left(r_n^2 + \left(s - \frac{1}{2}\right)^2\right)^2}. \quad (8.18)
\end{aligned}$$

これは，(8.16)(8.17) のゼータ関数の部分を $\det(\Delta - s(1-s))$ で置き換えた式に等しい．実際，置き換えた式を計算すると，

$$\begin{aligned}
&\frac{d}{ds}\left(\frac{1}{2s-1}\frac{d}{ds}\log\det(\Delta - s(1-s))\right) \\
&= \frac{d}{ds}\left(\frac{1}{2s-1}\frac{d}{ds}\left(-\frac{\partial}{\partial w}\bigg|_{w=0}\sum_{n=0}^{\infty}(\lambda_n - s(1-s))^{-w}\right)\right) \\
&= \frac{d}{ds}\left(\frac{1}{2s-1}\frac{\partial}{\partial w}\bigg|_{w=0}\sum_{n=0}^{\infty}w(\lambda_n - s(1-s))^{-w-1}(2s-1)\right) \\
&= \frac{d}{ds}\left(\frac{\partial}{\partial w}\bigg|_{w=0}\sum_{n=0}^{\infty}w(\lambda_n - s(1-s))^{-w-1}\right) \\
&= \frac{\partial}{\partial w}\bigg|_{w=0}\left(-w(w+1)(2s+1)\sum_{n=0}^{\infty}(\lambda_n - s(1-s))^{-w-2}\right) \\
&= -(2s+1)\sum_{n=0}^{\infty}(\lambda_n - s(1-s))^{-2}. \quad (8.19)
\end{aligned}$$

以上，(8.16)(8.17)(8.18)(8.19) と跡公式 (8.4) $I(s) + H(s) = \mathrm{Tr}(s)$ を合わせると定理を得る． Q.E.D.

以上の証明では，ワイルの法則と呼ばれる定理を用いている．それは「x 以下の λ_n の個数は x の 1 乗のオーダーである」という定理であり，このことから $\sum_n(\lambda - s(1-s))^{-1}$ は発散するが，$\sum_n(\lambda - s(1-s))^{-2}$ は収束することがわかる．したがって，証明中の全ての級数は収束している．

さて，定理 8.2 は，いわば，セルバーグ・ゼータ関数の因数分解を与えている．この結果から，完備セルバーグ・ゼータ $\widehat{Z}_\Gamma(s)$ の零点，すなわちセルバーグ・ゼータ $Z(s)$ のすべての非自明零点を固有値で表せる．非自明零点を求めるには，固有値 λ に対して，s の 2 次方程式

$$\lambda - s(1-s) = 0$$

を解けばよい．これは s に関する 2 次方程式であり，解は

$$s = \frac{1}{2} \pm \sqrt{\lambda - \frac{1}{4}}\, i \qquad (i \text{ は虚数単位}) \quad (8.20)$$

で与えられる．このことから，完備セルバーグ・ゼータ関数 $\widehat{Z}_\Gamma(s)$ の零点は，ラプラシアン Δ の各固有値 λ に対応して存在することがわかる．そして，零点の実部は，

$$\lambda \geqq \frac{1}{4} \tag{8.21}$$

なる固有値に対しては，$\mathrm{Re}(s) = \frac{1}{2}$ を満たすことも，解の形（8.20）からわかる．ラプラシアンの固有値は正の無限大に発散する列をなすから，有限個を除くほとんどすべての固有値が（8.21）を満たす．これより，完備セルバーグ・ゼータ関数 $\widehat{Z}_\Gamma(s)$ の零点のうち離散スペクトルに由来するものは，有限個の例外を除き，

$$\mathrm{Re}(s) = \frac{1}{2}$$

を満たすことがわかる．この事実を称して「セルバーグ・ゼータ関数に関してリーマン予想がほぼ成立している」と表現することがある．

以上の結果を定理として記しておく．

● **定理 8.3** M を滑らかなコンパクト・リーマン面とし，$\Gamma = \pi_1(M)$ とする．Γ の完備セルバーグ・ゼータ関数 $\widehat{Z}_\Gamma(s)$ の零点は，高々有限個の例外を除き，$\mathrm{Re}(s) = \frac{1}{2}$ 上にある．

8.4 非コンパクトな場合

本節では，前節で設けた仮定「滑らかでコンパクト」を外し，一般の面積有限な M を考えたとき，前節までに得た結論がどのように変わるのかを概説する．数論で良く用いられる $\Gamma = SL(2, Z)$ などは，$M = \Gamma \backslash H$ が滑らかでなく，かつ，コンパクトでもないので，この考察は重要である．

はじめに，滑らかでないことが及ぼす影響について述べる．このとき，新たに，Γ が，各錐点に対応した楕円型共役類を持つ．それ以外の共役類は従来通りである．

定理 8.2 の証明で跡公式を $I(s) + H(s) = \mathrm{Tr}(s)$ とおいたが，左辺に楕円型の項 $E(s)$ が新たに加わり，跡公式が $I(s) + E(s) + H(s) = \mathrm{Tr}(s)$ の形になる．$I(s)$，$H(s)$，$\mathrm{Tr}(s)$ の式の形は定理 8.2 と全く同じであり，それらの処理の仕方も全く同様である．

新たな項 $E(s)$ に対し，(8.17) と同じ形の微分方程式

$$\frac{d}{ds}E(s) = \frac{d}{ds}\left(\frac{1}{2s-1}\frac{d}{ds}\log Z_{\Gamma,E}(s)\right) \tag{8.22}$$

を満たす関数 $Z_{\Gamma,E}(s)$ を求め，完備ゼータを

$$\widehat{Z}_\Gamma(s) = Z_{\Gamma,I}(s)Z_{\Gamma,E}(s)Z_\Gamma(s) \tag{8.23}$$

と定義する．

楕円型共役類は群 Γ における位数が有限であり，それらは，H 上に位数有限の一次分数変換を引き起こす．その位数を ν とするとき，$Z_{\Gamma,E}(s)$ は，ガンマ関数の値 $\Gamma((s+a)/\nu)$ $(a = 0, 1, 2, \cdots, \nu-1)$ を用いて表される．

たとえば，$\Gamma = SL(2,\mathbb{Z})$ の楕円型共役類からは，2 種の一次分数変換

$$S: z \longmapsto -\frac{1}{z}, \qquad T: z \longmapsto -\frac{1}{z+1}$$

が生じ，S は位数 2，T は位数 3 である．これらに対応して各因子が生じ，その結果，完備ゼータの楕円型共役類から来るガンマ因子は次のようになる．

$$Z_{\Gamma,E}(s) = \Gamma\left(\frac{s}{2}\right)^{-\frac{1}{2}}\Gamma\left(\frac{s+1}{2}\right)^{\frac{1}{2}}\Gamma\left(\frac{s}{3}\right)^{-\frac{2}{3}}\Gamma\left(\frac{s+2}{3}\right)^{\frac{2}{3}}.$$

こうして作った完備ゼータ (8.23) に対し，定理 8.2 と同じ結論が成り立つ．その結果，定理 8.3 と同じ結論も成り立つ．

次に，M が非コンパクトの場合を考える．この場合，より本質的な困難が生ずる．それは積分作用素 (8.3) の跡（トレース）が収束しないため，跡公式が従来の意味では存在しないことである．

すなわち，跡公式に登場する「対角和」「固有値の和」の双方が，従来の計算方法では無限大になる．

そこで，まず，対角和 (8.5) において，積分範囲の $\Gamma\backslash H$ をいったんコンパクトな部分領域に制限して計算する．今，M が体積有限であると仮定しているから，無限遠点に相当する「カスプ」と呼ばれる点が有限個あり，そこから離れた範囲に (8.5) の積分範囲を制限すれば，積分値は有限となる．

たとえば，$\Gamma = SL(2,\mathbb{Z})$ の場合，基本領域は図 8.1（106 ページ）のようであり，カスプは一点 $i\infty$ のみからなる．よって，たとえば，部分領域として，虚部が Y 以下

の部分 $F(Y)$ をとれば,対角和は Y の関数として表される.その関数を $\mathrm{tr}_Y(L)$ とおくと,
$$\lim_{Y \to \infty} \mathrm{tr}_Y(L) = \infty$$
であり,より具体的には,ある定数 A, B を用いて
$$\mathrm{tr}_Y(L) = \sum_{\gamma \in \Gamma} \int_{F(Y)} k(z, \gamma z) dz = A \log Y + B \tag{8.24}$$
の形になる.L を定義する関数 $g(u)$ が (8.14) で与えられるとき,B は,従来 $\mathrm{tr}(L)$ をなしていた $I(s), E(s), H(s)$ の各項を依然として持ち,さらに,非コンパクトであることの影響で生じた放物型共役類から来る項 $P(s)$ を持つ.すなわち,
$$B = I(s) + E(s) + H(s) + P(s) \tag{8.25}$$
である.

次に跡公式のもう一方の側である「固有値の和」を考える.M が非コンパクトのとき,ラプラシアンは連続スペクトルを持つ.したがって,作用素の跡は,従来の固有値(離散スペクトル)のみならず,連続スペクトルも含めたスペクトルの全体から構成[*1]される.すなわち「固有値の和」は「スペクトルの和」に拡張される.

このうち,離散スペクトルの扱いはコンパクトな場合と同じであり,それらにわたる和は収束する.従来はこれを $\mathrm{Tr}(s)$ と書いていたが,ここでは,離散スペクトルの寄与であることを明示し $\mathrm{Tr}_D(s)$ と書く.

一方,連続スペクトルにわたる和は,実解析的アイゼンシュタイン級数 $E(z, \cdot)$ の $\Gamma \backslash H$ 上での積分を用いて表され,その広義積分が無限大に発散する.

そこで,積分範囲を先ほどと同様にコンパクトな部分領域に制限する.$\Gamma = SL(2, \mathbb{Z})$ の場合,先に定義した $F(Y)$ 上で積分を計算すると,跡公式のもう一方である「スペクトルの和」として,再び
$$\mathrm{tr}_Y(L) = \sum_{\gamma \in \Gamma} \int_{F(Y)} k(z, \gamma z) dz = A' \log Y + B' \tag{8.26}$$
という形の結論を得る.L が (8.14) で定義されるとき,$\mathrm{Tr}_C(s)$ を

[*1] 離散スペクトルは存在するとは限らない.存在が確かめられているのはモジュラー群など数論的な場合のみであり,一般には「離散スペクトルは存在しないか,存在したとしても非常に少数であろう」との予想(サルナック予想)もある.

$$B' = \mathrm{Tr}_D(s) + \mathrm{Tr}_C(s)$$

とおけば，$\mathrm{Tr}_C(s)$ は，本来無限大である $\mathrm{Tr}(L)$ への，連続スペクトルの寄与（のうち，発散項を除いたもの）となる．

任意の Y に対して (8.24)(8.26) が成り立つことから，$A = A'$, $B = B'$ を得る．そこで，発散する項を両者から差し引いた等式 $B = B'$ を，非コンパクトな場合のセルバーグ跡公式と呼ぶ．L が (8.14) で定義されるとき，セルバーグ跡公式は，

$$I(s) + E(s) + H(s) + P(s) = \mathrm{Tr}_D(s) + \mathrm{Tr}_C(s) \tag{8.27}$$

という形である．

$B = B'$ は，$\mathrm{tr}(L)$ そのものを表しているわけではない．本来は無限大である $\mathrm{tr}(L)$ から発散項を差し引いた残余であるから，B という量に，それほど深い数学的意義はない．しかし，セルバーグ跡公式は，共役類とスペクトルという，一見無関係にみえる対象どうしの非自明な関係を与えており，それは，次のような目覚ましい応用を持つ．

それは，$H(s)$ がセルバーグ・ゼータ関数 $Z(s)$ と直結しているため，セルバーグ跡公式によって $Z(s)$ の解析接続と関数等式を得られ，さらに，リーマン予想の類似もほとんど証明できるということである．この部分のからくりは，前節と全く同様である．

実際に (8.27) からセルバーグ・ゼータの性質を得る過程は以下の通りである．非コンパクトであることの影響は $P(s)$ と $\mathrm{Tr}(s)$ の 2 つあるが，まず，$P(s)$ については，放物共役類から来るガンマ因子 $Z_{\Gamma,P}(s)$ が，

$$\frac{d}{ds} P(s) = \frac{d}{ds}\left(\frac{1}{2s-1} \frac{d}{ds} \log Z_{\Gamma,P}(s) \right) \tag{8.28}$$

を満たす関数として定義される．たとえば，$\Gamma = SL(2, \mathbb{Z})$ のとき，

$$Z_{\Gamma,P}(s) = 2^{-s} \left(s - \frac{1}{2}\right)^{\frac{1}{2}} \Gamma\left(s + \frac{1}{2}\right)^{-1}$$

となる．この新しい因子も考慮した上で，完備セルバーグ・ゼータを

$$\widehat{Z}_\Gamma(s) = Z_{\Gamma,I}(s) Z_{\Gamma,E}(s) Z_{\Gamma,P}(s) Z_\Gamma(s) \tag{8.29}$$

で定義する．

一方，ラプラシアンの行列式は「全てのスペクトルにわたる積」であるが，本来は

無限大である連続スペクトルにわたる積から，発散項を取り除いた残余を，「行列式の連続スペクトル成分」とみなす．それは，跡公式 (8.27) の項 $\mathrm{Tr}_C(s)$ から，微分方程式

$$\frac{d}{ds}\mathrm{Tr}_C(s) = \frac{d}{ds}\left(\frac{1}{2s-1}\frac{d}{ds}\log\det{}_C(\Delta, s)\right) \tag{8.30}$$

を満たす関数 $\det_C(\Delta, s)$ として定義される．たとえば，$\Gamma = SL(2, \mathbb{Z})$ のとき，

$$\det{}_C(\Delta, s) = \widehat{\zeta}(2s)$$

と，完備リーマン・ゼータ関数を用いて表される．

 以上が，非コンパクトであることが及ぼす影響に関する説明である．これらをすべて考慮に入れた結果，セルバーグ・ゼータ関数は，以下の行列式表示を満たす．

$$\widehat{Z}_\Gamma(s) = e^{c+c's(1-s)}\det(\Delta, s). \tag{8.31}$$

ここに，$\widehat{Z}_\Gamma(s)$ は (8.29) で定義され，右辺の行列式は

$$\det(\Delta, s) = \det{}_D(\Delta - s(1-s))\det{}_C(\Delta, s)$$

で定義される．この行列式表示から，$Z_\Gamma(s)$ は全平面に解析接続され，関数等式を持つ．ただし，関数等式は，$\widehat{Z}_\Gamma(s)$ ではなく，

$$\frac{\widehat{Z}_\Gamma(s)}{\det{}_C(\Delta, s)}$$

が $s \longleftrightarrow 1-s$ で不変となる．

 行列式表示 (8.31) から，$Z_\Gamma(s)$ のリーマン予想について考察する．$\widehat{Z}_\Gamma(s)$ の零点は，$\det_D$ または $\det_C$ のいずれかの零点である．このうち $\det_D$ の零点は，(8.20) で見たように，有限個の例外を除きリーマン予想を満たしている．

 (8.20) からわかるように，有限個の例外零点は必ず実数となり，しかも 0 と 1 の間にある．固有値が $1/4$ よりも小さければリーマン予想を満たさない例外零点となるが，$1/4$ 以上であれば，対応する零点は必ずリーマン予想を満たす．一般に，定数関数は常にラプラシアンの固有関数であり，固有値 $\lambda_0 = 0$ を持ち，これより $\widehat{Z}(s)$ は $s = 0, 1$ に零点を持つ．その他の固有値はすべて正だが，それらに由来する零点がす

べて $\mathrm{Re}(s) = 1/2$ を満たすことが，セルバーグ・ゼータ関数のリーマン予想である．(8.21) を満たさない固有値を例外固有値と呼ぶ．$\Gamma = SL(2,\mathbb{Z})$ など，具体的ないくつかの例について，例外固有値が存在しないことが証明されている．また，$SL(2,\mathbb{Z})$ の任意の合同部分群 Γ に対し，任意の固有値 λ が (8.21) を満たすであろうとの予想を，セルバーグの 1/4 予想という．上で説明した内容から明らかなように，これはセルバーグ・ゼータ関数についてのリーマン予想と同値であるが，その上，第 7 章で解説したラマヌジャン予想の類似にもなっている．この類似性については

　　黒川信重・小山信也『ラマヌジャン《ゼータ関数論文集》』日本評論社，
　　2016 年

に詳しく述べた．

　一方，連続スペクトルに由来する零点が，$\Gamma = SL(2,\mathbb{Z})$ の場合は完備リーマン・ゼータ関数 $\widehat{\zeta}(2s)$ の零点である．これは，リーマン・ゼータ関数 $\zeta(s)$ の非自明零点 $\rho = \sigma + it$ を用いて

$$s = \frac{\rho}{2} = \frac{\sigma}{2} + \frac{it}{2}$$

と表せる．リーマン・ゼータ関数の零点の実部に関する事実 $0 < \sigma < 1$ より，この零点は $0 < \mathrm{Re}(s) < \frac{1}{2}$ の範囲に存在する．仮にリーマン予想が正しければ $\sigma = \frac{1}{2}$ であるから，零点は $\mathrm{Re}(s) = \frac{1}{4}$ 上に存在することになる．

以上の状況を次ページの図 8.2 にまとめる．

この図では，$Z_{SL(2,\mathbb{Z})}(s)$ の非自明零点のうち既知のものを黒点で表している．離散スペクトルから来る零点は，$s = 0, 1$ にある他はすべて $\mathrm{Re}(s) = 1/2$ 上にある．連続スペクトルから来る零点は $\widehat{\zeta}(2s)$ の零点であるから，灰色部分（境界を除く）にあることはわかっており，実際に $\mathrm{Re}(s) = 1/4$ 上にいくつも存在することが計算で確かめられている．リーマン予想が成り立てばこれらは $\mathrm{Re}(s) = 1/4$ 上にある．

なお，図中の点の個数は，離散スペクトルと連続スペクトルから来る零点の個数の挙動を表すようにした．$\widehat{\zeta}(2s)$ の零点は，虚部が T 以下の範囲に $T\log T$ すなわち「ほぼ T の 1 乗」のオーダーで存在する（$\zeta(s)$ は位数 1 の有理型関数である）が，離散スペクトルから来る零点は T^2 のオーダー（$Z_\Gamma(s)$ は位数 2 の有理型関数）であ

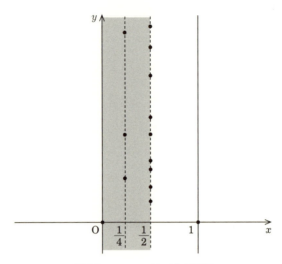

図 8.2　$Z_{SL(2,\mathbb{Z})}(s)$ の非自明零点

る．いずれにしても，灰色部分内の零点をすべて合わせても，$\mathrm{Re}(s) = 1/2$ 上の零点の個数のだいたい平方根ほどしかなく，零点は主として $\mathrm{Re}(s) = 1/2$ 上にあることがわかる．この図はそういう雰囲気を表現するため，点の個数に気を配って描いた．ただしこの図は，零点の上下の位置が不正確である．$SL(2,\mathbb{Z})$ については数値計算がなされており，実際にラプラシアンの固有値のはじめのいくつかの値は求められているし，$\hat{\zeta}(2s)$ の零点も数値計算によって求められている．それらの具体的な値を，この図は反映していない．

以上で見てきたように，連続スペクトルから来る $\det_C$ の零点は，セルバーグ・ゼータ関数に対するリーマン予想 $\mathrm{Re}(s) = 1/2$ を満たさない．したがって，セルバーグ・ゼータ関数に対して「リーマン予想がほぼ成立する」という表現は，非コンパクトの場合は，「離散スペクトルに由来する零点に限れば」という注釈つきになる．あるいは，リーマン予想を

$$\frac{1}{2} < \mathrm{Re}(s) < 1 \quad \text{内に零点が存在しない} \tag{8.32}$$

と書き換えれば，非コンパクトの場合も有限個の例外を除きリーマン予想の類似が成り立つ．

こうしたセルバーグ・ゼータ関数の零点の状況は，セルバーグ自身によって 1950 年代の前半に発見された．セルバーグは $\Gamma = SL(2, \mathbb{Z})$ だけでなく，その他のいくつかの実例について，上と同様のことを証明した．代表的な実例に，**主合同部分群**

$$\Gamma(N) = \left\{ \begin{pmatrix} a & b \\ c & d \end{pmatrix} \in SL(2, \mathbb{Z}) \ \middle| \ \begin{array}{l} a \equiv d \equiv 1 \pmod{N}, \\ b \equiv c \equiv 0 \pmod{N} \end{array} \right\}$$

の場合がある．さらに一般に，ある自然数 N に対し

$$\Gamma(N) \subset \Gamma \subset SL(2, \mathbb{Z})$$

を満たすような Γ を，$SL(2, \mathbb{Z})$ の合同部分群と呼ぶが，セルバーグは，$SL(2, \mathbb{Z})$ の任意の合同部分群 Γ に対し，ゼータ関数 $Z_\Gamma(s)$ の非自明零点の状況は図 8.2 と同様であることを発見した．$\mathrm{Re}(s) = 1/2$ 上に主たる系列があり，それ以外は灰色部分（境界を除く）に属し，もしリーマン予想が正しければ，$\mathrm{Re}(s) = 1/4$ にある．

また，合同部分群以外の Γ については，離散スペクトルの存在は不明であるが，連続スペクトルから来る零点の存在範囲が図 8.2 の灰色部分内であることは証明されている．したがって，$SL(2, \mathbb{Z})$ の場合と同様に，リーマン予想 (8.32) が，有限個の零点を除いて成立する．

最後に，L 関数版について触れておく．リーマン・ゼータ関数にディリクレ指標を乗せてディリクレ L 関数を定義したように，セルバーグ・ゼータ関数に対しても L 関数を考えることができる．ただし，素数のときと異なり，素な共役類たちは互いに非可換であるから，指標（1 次元表現）とは限らず，一般に n 次元表現（n は自然数）が現れる．ρ を Γ の n 次元ユニタリ表現とするとき，表現つきのセルバーグ・ゼータ関数（L 関数）を次式で定義する．

$$Z_\Gamma(s, \rho) = \prod_p \det(I_n - \rho(p) N(p)^{-s})^{-1}.$$

ここで，I_n は n 次単位行列であり，p がわたる範囲は $Z_\Gamma(s)$ のときと同様，素な双曲型共役類の全体である．この $Z_\Gamma(s, \rho)$ に対しても，解析接続・関数等式は知られており，リーマン予想の類似もほぼ証明されている．

以上，セルバーグ・ゼータ関数がリーマン予想を満たす仕組みを中心に解説してきた．本章を通じて $G = SL(2, \mathbb{R})$ としてきたが，一般に階数 1 のリー群についても状況は同様であり，セルバーグ・ゼータ関数の解析接続や関数等式，そしてリーマン予

想の類似がほとんど成り立つことも知られている．この場合，M は高次元の双曲多様体を含む，より一般の対称空間となる．リー群の階数が 2 以上の場合についても，近年，ダイトマー，権らによる目覚ましい業績があり，セルバーグ・ゼータ関数の定義と性質が解明されてきている．

セルバーグ・ゼータ関数論は，リーマン予想に直結する重要なテーマであり，なおかつ近年の発展も著しい，目が離せない分野である．

第9章

p進ゼータ関数

　本章では，p進ゼータ関数（p進L関数）について解説する．オイラーやリーマンによって産み出されたゼータ関数は様々な姿のゼータに一般化され，本書では前章までに，そうした発展の様子を観察してきた．一方，本章で扱う内容は，それとは発展の方向が異なる．つまり，これまでは慣れている複素数の範囲で考えてきたのであるが，これからはp進数のところで考えるのであり，いささか難しいと感じるかも知れない．p進ゼータ関数の目指すところは，一般化というよりも深化，すなわち，対象を一つ（たとえば，リーマン・ゼータあるいはディリクレL関数）に限定した上で，その特殊値が持つ意義を深く掘り下げ，背後に横たわる数論的構造を明らかにしようとする営みである．

9.1　p進数

　任意の素数pに対し，有理数体$\mathbb{Q}$上の新しい距離であるp進距離を定義する．

　整数$n\,(\neq 0)$を$n=up^\alpha\,((u,p)=1,\,u\in\mathbb{Z})$と，非負整数$\alpha$を用いて表示できるとき，この$\alpha$を$\mathrm{ord}_p(n)$と書く．また，$\mathrm{ord}_p(0)=\infty$とする．$x\in\mathbb{Q}^\times$が$x=m/n$と既約分数で表されるとき，$|x|_p=p^{-\mathrm{ord}_p(m)+\mathrm{ord}_p(n)}$とおき，$x$の$p$進絶対値という．

　2点$x,y\in\mathbb{Q}$に対し，2点間の距離を$|x-y|_p$で定義する．これをp進距離と呼ぶ．p進距離から導入された位相による$\mathbb{Z}$，$\mathbb{Q}$の完備化を$\mathbb{Z}_p$，$\mathbb{Q}_p$と書き，それぞれ，p進整数環，p進体と呼ぶ．$\mathbb{Z}_p$は，$i<j$を満たす任意の自然数の組i,jに対する自然な写像$\mathbb{Z}/p^j\mathbb{Z}\longrightarrow\mathbb{Z}/p^i\mathbb{Z}$がなす逆系における逆極限として

$$\mathbb{Z}_p=\varprojlim_n\mathbb{Z}/p^n\mathbb{Z}$$

とも定義される．$\mathbb{Q}_p$の代数閉包の完備化を$\mathbb{C}_p$と書く．$\mathbb{C}_p$は代数的閉体であることが知られている．

$\mathbb{C}_p$ 内の領域を D とするとき，関数 $f: D \longrightarrow \mathbb{C}_p$ が p 進有理型であるとは，任意の $\alpha \in D$ に対して $a_n \in \overline{\mathbb{Q}_p}$ なる数列 $\{a_n\}_{n \geq 0}$ があって，ある $k \in \mathbb{Z}$ が存在して

$$f(s) = \sum_{n=k}^{\infty} a_n(s-\alpha)^n \qquad (s \in D) \tag{9.1}$$

と，べき級数展開できることである．とくに，任意の $\alpha \in D$ に対して $k \geq 0$ ととれるとき，f は p 進正則であるという．

● **定理 9.1 （一致の定理）** 領域 $D \subset \mathbb{C}_p$ 上の p 進正則関数 $f(s)$ の零点の集合が D 内に集積点を持つならば，任意の $s \in D$ に対し $f(s) = 0$ である．

● **証明** 零点の集積点を $\alpha \in D$ とおく．仮に，$f(s)$ が「恒等的に 0」ではないとして，矛盾を導く．このとき，$f(s)$ が p 進正則関数であるとの仮定より，ある $k \geq 0$ が存在し，数列 $\{\alpha_n\}_{n \geq k} \subset \mathbb{C}_p$ を用いて

$$f(s) = \sum_{n=k}^{\infty} a_n(s-\alpha)^n \qquad (a_k \neq 0)$$

と表せる．α に収束する零点の列を一つとり，s_j ($s_j \neq \alpha$, $j = 1, 2, 3, \cdots$) とする．

$$f(s) = (s-\alpha)^k \sum_{n=0}^{\infty} a_{n+k}(s-\alpha)^n$$

において，$s = s_j$ とすると，$f(s_j) = 0$ かつ $s_j \neq \alpha$ より，

$$\sum_{n=0}^{\infty} a_{n+k}(s_j - \alpha)^n = 0.$$

両辺で $j \to \infty$ とすると，$a_k = 0$. これは a_k の取り方に矛盾する． Q.E.D.

9.2 クンマー合同式

次の定理をクンマー合同式という．

● **定理 9.2 （クンマー合同式）** p を奇素数とし，m, n は正の偶数で，$m \equiv n \pmod{p-1}$ とする．ある自然数 a に対して $m \equiv n \pmod{(p-1)p^{a-1}}$ であるとき，次式が成り立つ．

$$\left(1 - \frac{1}{p^{1-m}}\right) \zeta(1-m) = \left(1 - \frac{1}{p^{1-n}}\right) \zeta(1-n) \pmod{p^a} \tag{9.2}$$

証明は後ほど，補題 9.6 の後で行う．

(9.2) の両辺に現れた式の形から，
$$\zeta_p(1-r) = \left(1 - \frac{1}{p^{1-r}}\right)\zeta(1-r) \qquad (r = 1, 2, 3, \cdots) \tag{9.3}$$
とおき，ζ_p を p 進ゼータ関数という．

定理 9.2 を標語的に表現すれば，
$$|m - n| \text{ が } p^{a-1} \text{ の倍数} \implies |\zeta_p(1-m) - \zeta_p(1-n)| \text{ が } p^a \text{ の倍数}$$
となる．前節で導入した p 進距離の考え方によれば，2 数の差が p の高いべきで割れることは，その 2 数が互いに近いことを意味するので，クンマー合同式は，p 進ゼータが「数どうしの近さを保つ関数」すなわち p 進連続な関数であることを表している．

なお，正の整数 n に対し，$\zeta(1-n)$ の値は，以下のように知られている．ベルヌイ数 B_n $(n = 0, 1, 2, 3, \cdots)$ を，形式的べき級数環 $\overline{\mathbb{Q}}[[T]]$ における母関数
$$\frac{Te^T}{e^T - 1} = \sum_{n=0}^{\infty} B_n \frac{T^n}{n!}$$
によって定義するとき，
$$\zeta(1-n) = -\frac{B_n}{n} \tag{9.4}$$
が成り立つ．したがって，(9.2), (9.3) はそれぞれ，
$$\left(1 - \frac{1}{p^{1-m}}\right)\frac{B_m}{m} = \left(1 - \frac{1}{p^{1-n}}\right)\frac{B_n}{n} \pmod{p^a} \tag{9.5}$$
および
$$\zeta_p(1-r) = -\left(1 - \frac{1}{p^{1-r}}\right)\frac{B_r}{r} \qquad (r = 1, 2, 3, \cdots) \tag{9.6}$$
とも書ける．

9.3 p 進 L 関数

前節で定義した p 進ゼータ関数を，ディリクレ L 関数の値の間の合同式に拡張する．χ を，導手 f_χ のディリクレ指標とする．このとき，**一般ベルヌイ数** $B_{n,\chi}$ を

$$\sum_{a=1}^{f_\chi} \frac{\chi(a) T e^{aT}}{e^{f_\chi T} - 1} = \sum_{n=0}^{\infty} B_{n,\chi} \frac{T^n}{n!} \tag{9.7}$$

によって定義する．ディリクレ L 関数 $L(s,\chi)$ の整数点 $s = 1 - n\ (n > 0)$ における特殊値は，

$$L(1-n, \chi) = -\frac{B_{n,\chi}}{n} \tag{9.8}$$

となることが知られている．これは，(9.4) の一般化である．

以下，必要に応じて $\mathbb{Q}$ を $\mathbb{C}_p$ の部分体とみなし，その際の $\mathbb{C}_p$ への埋め込みを一つ固定する．χ は $\mathbb{C}_p$ に値を取るとみなし，母関数 (9.7) も $\mathbb{C}_p[[T]]$ において考えると，$B_{n,\chi}$ は $\mathbb{C}_p$ の元として定義される．

素数 p から定まる整数 q を，

$$q = \begin{cases} p & (p \neq 2) \\ 4 & (p = 2) \end{cases} \tag{9.9}$$

とおく．φ をオイラーの関数とするとき，$\mathbb{Z}_p$ の指標 ω で

$$\omega(a) = \begin{cases} a \text{ に合同 } (\bmod\ q) \text{ となる唯一の } 1 \text{ の } \varphi(q) \text{ 乗根} & (a \in \mathbb{Z}_p^\times) \\ 0 & (a \in p\mathbb{Z}_p) \end{cases}$$

なるものを，タイヒミュラー指標と呼ぶ．タイヒミュラー指標 ω は，$\mathbb{Q}(\zeta_{p-1})$ の $\mathbb{Q}_p$ への埋め込みを経由して導手 q のディリクレ指標とみなすことができる．ここに，ζ_{p-1} は 1 の原始 $p-1$ 乗根である．

次の定理は，(9.3) の一般化を満たすような p 進 L 関数の定義とその存在を主張する．証明は後ほど，定理 9.8 の後で行なう．

定理 9.3（久保田・レオポールド） χ を，N を法とするディリクレ指標とする．すべての整数を 1 に写す指標を $\mathbf{1}$ とおく．

(1) $\chi \neq \mathbf{1}$ のとき，p 進正則関数

$$\mathbb{Z}_p \ni s \longmapsto L_p(s, \chi) \in \overline{\mathbb{Q}_p}$$

で

$$L_p(1-r,\chi) = \left(1 - \frac{\chi\omega^{-r}}{p^{1-r}}\right) L(1-r, \chi\omega^{-r}) \quad (r=1,2,3,\cdots) \quad (9.10)$$

を満たすものが一意的に存在する．

(2) $\chi = \mathbf{1}$ のとき，p 進有理型関数 $L_p(s, \mathbf{1})$ で

$$L_p(1-r,\mathbf{1}) = \left(1 - \frac{\omega^{-r}}{p^{1-r}}\right) L(1-r, \omega^{-r}) \quad (r=1,2,3,\cdots) \quad (9.11)$$

を満たすものが一意的に存在し，$L_p(s,\mathbf{1})$ は $s \ne 1$ で正則であり，$s = 1$ は高々 1 位の極である．

▶**注意** 久保田・レオポールドは (2) において，$s = 1$ が実際に 1 位の極であり，留数が $1 - p^{-1}$ であることまで得ている．本書では，それを省略[*1]し，上の定理に記した部分のみを証明する．

$L_p(s, \chi)$ を p 進 L 関数という．この定理は，(9.3) を一般の χ に拡張しただけでなく，(9.3) で p 進連続までしかわからなかった性質を p 進正則に深化させている．

ここで，p 進正則関数の定義である「べき級数 (9.1) が収束する」という条件をさらに強め，その収束がより速い関数の概念を導入する．**岩澤関数**とは，べき級数 $G(T) \in \overline{\mathbb{Q}_p}[[T]]$ に $T = u^s - 1$ を代入して得られる s の関数 $G(u^s - 1)$ であると定義する．

岩澤関数が，べき級数のより良い収束を与える関数であることを説明する．良く知られた同型 $\mathbb{Z}_p^\times = (\mathbb{Z}/q)^\times \times (1+q\mathbb{Z}_p)$ における直積因子の群 $1 + q\mathbb{Z}_p$ は乗法群であり，加法群 $\mathbb{Z}_p$ に同型である．p が奇素数のときは $1 + p\mathbb{Z}_p = 1 + 2p\mathbb{Z}_p$ であるから，$1 + q\mathbb{Z}_p$ の表記として $1 + 2p\mathbb{Z}_p$ を用いれば，$p = 2$ の場合も一律に扱えるので便利である．そこで，u を群 $1 + 2p\mathbb{Z}_p$ の位相的生成元とすると，$1 + 2p\mathbb{Z}_p$ の任意の元は u^α ($\alpha \in \mathbb{Z}_p$) の形に書ける．$u = 1 + 2pu'$ ($u' \in \mathbb{Z}_p$) とするとき，

$$u^s = 1 + 2pu's + \frac{(2pu')^2}{2}s(s-1) + \cdots + \frac{(2pu')^n}{n!}s(s-1)\cdots(s-n+1) + \cdots$$

[*1] 本書で省略した部分については，黒川信重・栗原将人・斎藤毅『数論 II』（岩波書店）第 10 章に詳しい解説がある．また，本シリーズ『p 進ゼータ関数』に収録予定である．

となるので，s^n の係数は $\dfrac{(2p)^n}{n!}$ で割り切れる．よって，任意のべき級数 $F(T) \in \overline{\mathbb{Q}_p}[[T]]$ に対し，$F(u^s - 1)$ を s のべき級数で表したときの s^n の係数も $\dfrac{(2p)^n}{n!}$ で割り切れる．次の補題は，$n \to \infty$ のとき $\dfrac{(2p)^n}{n!}$ が p 進位相で非常に速く 0 に近づく事実を示している．

補題 9.4

$$\mathrm{ord}_p\left(\frac{(2p)^n}{n!}\right) > \begin{cases} \left(1 - \dfrac{1}{p-1}\right)n & (p \neq 2) \\ n & (p = 2). \end{cases}$$

証明 任意の自然数 n を $n = a_0 + a_1 p + \cdots + a_r p^r$ $(0 \leqq a_0, a_1, \cdots, a_r \leqq p-1, a_r \neq 0)$ と表したとき，

$$\mathrm{ord}_p(n!) = \sum_{j=0}^{r} a_j \frac{p^j - 1}{p - 1} \tag{9.12}$$

で与えられることを，数学的帰納法により示す．$n = 1$ のとき (9.12) は両辺とも 0 となるので成立する．ある n のときに (9.12) が成り立つと仮定する．

$$n + 1 = b_0 + b_1 p + \cdots + b_r p^r \quad (0 \leqq b_0, b_1, \cdots, b_r \leqq p-1, b_r \neq 0)$$

とおく．

$0 \leqq a_0 \leqq p - 2$ のとき，$n + 1$ は p の倍数ではないから，$\mathrm{ord}_p(n!) = \mathrm{ord}_p((n+1)!)$ である．一方，$b_0 = a_0 + 1$ であり，$j \geqq 1$ に対し $b_j = a_j$ である．よって，$j \geqq 1$ にわたる和である (9.12) の右辺は不変である．したがって，$n + 1$ のとき，(9.12) の両辺とも n のときと同じであるから，(9.12) は成り立つ．

$a_0 = p - 1$ のとき，$b_0 = 0$ となる．$b_j \neq 0$ となる最小の j を $j = k$ とおくと，

$$a_0 = \cdots = a_{k-1} = p - 1,$$
$$a_k = b_k - 1$$
$$a_j = b_j \quad (j = k+1, \cdots, r)$$

であり，

$$n + 1 = b_k p^k + \cdots + b_r p^r = p^k(b_k + b_{k+1} p + \cdots + b_r p^{r-k})$$

より $\mathrm{ord}_p(n+1) = k$. したがって，帰納法の仮定より，

$$\begin{aligned}
\mathrm{ord}_p((n+1)!) &= k + \mathrm{ord}_p(n!) \\
&= k + \sum_{j=0}^{r} a_j \frac{p^j - 1}{p - 1} \\
&= k + (p-1)\sum_{j=0}^{k-1} \frac{p^j - 1}{p - 1} + a_k \frac{p^k - 1}{p - 1} + \sum_{j=k+1}^{r} b_j \frac{p^j - 1}{p - 1} \\
&= \frac{p^k - 1}{p - 1} + a_k \frac{p^k - 1}{p - 1} + \sum_{j=k+1}^{r} b_j \frac{p^j - 1}{p - 1} \\
&= (a_k + 1)\frac{p^k - 1}{p - 1} + \sum_{j=k+1}^{r} b_j \frac{p^j - 1}{p - 1} \\
&= b_k \frac{p^k - 1}{p - 1} + \sum_{j=k+1}^{r} b_j \frac{p^j - 1}{p - 1} \\
&= \sum_{j=k}^{r} b_j \frac{p^j - 1}{p - 1} \\
&= \sum_{j=0}^{r} b_j \frac{p^j - 1}{p - 1}.
\end{aligned}$$

よって，$n+1$ に対しても (9.12) は成り立つ．ゆえに，数学的帰納法により任意の自然数 n に対して (9.12) が証明された．

(9.12) より，

$$\begin{aligned}
\mathrm{ord}_p(n!) &= \sum_{j=0}^{r} a_j \frac{p^j - 1}{p - 1} \\
&= \frac{1}{p - 1}\left(\sum_{j=0}^{r} a_j p^j - \sum_{j=0}^{r} a_j\right) \\
&= \frac{1}{p - 1}\left(n - \sum_{j=0}^{r} a_j\right) < \frac{n}{p - 1}.
\end{aligned}$$

よって，

$$\mathrm{ord}_p\left(\frac{(2p)^n}{n!}\right) > \begin{cases} n - \dfrac{n}{p - 1} & (p \neq 2) \\ 2n - n & (p = 2) \end{cases}$$

$$= \begin{cases} \left(1 - \dfrac{1}{p-1}\right)n & (p \neq 2) \\ n & (p = 2). \end{cases}$$

Q.E.D.

以下,ディリクレ指標 χ が $\overline{\mathbb{Q}_p}$ に値を持つとし,$O_\chi = \mathbb{Z}_p[\mathrm{Im}\chi]$ とする.これは,$\mathbb{Z}_p$ に χ の像を添加した環である.次の定理は,p 進 L 関数が岩澤関数であることを述べている.

> **定理 9.5(岩澤)**　u を,$1 + q\mathbb{Z}_p$ の生成元とする.
>
> (1) 任意のディリクレ指標 χ に対し,形式べき級数環 $O_\chi[[T]]$ の商体の元 $G_\chi(T)$ が存在し,次式が成り立つ.
> $$L_p(s, \chi) = G_\chi(u^s - 1).$$
> (2) χ の導手が 1 でも p^n $(n \geq 2)$ でもないとき,$G_\chi(T) \in O_\chi[[T]]$ であり,さらに,$\dfrac{1}{2} G_\chi(T) \in O_\chi[[T]]$ も成り立つ.

証明は後ほど,定理 9.8 の後で行なう.

以下では,写像 ord_p の定義域を自然数から O_χ に拡張して考える.定理 9.5 とその前の説明から,次の補題を得る.

> **補題 9.6**　記号 χ は,定理 9.5 と同じとする.テイラー展開
> $$L_p(s, \chi) = \sum_{n=0}^{\infty} a_n (s - \alpha)^n \qquad (a_n \in O_\chi)$$
> において,
> $$\mathrm{ord}_p(a_n) > \begin{cases} \left(1 - \dfrac{1}{p-1}\right)n & (p \neq 2) \\ n + 1 & (p = 2) \end{cases}$$
> が成り立つ.

補題 9.6 を用いて,先に保留にしていた定理 9.2 の証明を行なう.

● **定理 9.2 の証明**　p は奇素数であるから,$r_0 \not\equiv 0 \pmod{p-1}$ なる $r_0 \in \mathbb{Z}$ が存

在する．このとき，$\omega^{r_0} \neq 1$ であるから，ω^{r_0} の導手は p であり，補題 9.6 が適用できる．べき級数展開

$$L_p(s, \omega^{r_0}) = \sum_{j=0}^{\infty} a_j (s-1+r_0)^j$$

において，補題 9.6 から任意の $i = 1, 2, 3, \cdots$ に対し a_i は p で割り切れる．したがって，$n \equiv r_0 \pmod{(p-1)p^{a-1}}$ のとき，

$$L_p(1-n, \omega^{r_0}) = \sum_{j=0}^{\infty} a_j (r_0 - n)^j \equiv a_0 \pmod{p^a} \tag{9.13}$$

である．さらに $n > 0$ のとき，

$$L_p(1-n, \omega^{r_0}) = (1 - p^{n-1})\zeta(1-n) \tag{9.14}$$

であるから，(9.13) (9.14) より，$(1-p^{n-1})\zeta(1-n) \pmod{p^a}$ は一定である．

Q.E.D.

9.4　ガロア群の完備群環

定理 9.5 の証明の準備として，ガロア群を用いた完備群環を導入する．有限群 G_n ($n = 1, 2, 3, \cdots$) の逆極限であるような群 $G = \varprojlim_n G_n$ と可換環 R があるとき，G の R 上の**完備群環**とは，$\varprojlim_n R[G_n]$ のことであり，これを記号 $R[[G]]$ で表す．

素数 p と互いに素な自然数 N_0 に対し，完備群環 Λ_{N_0} を

$$\Lambda_{N_0} = \mathbb{Z}_p[[\mathrm{Gal}(\mathbb{Q}(\mu_{N_0 p^\infty})/\mathbb{Q})]]$$

とおく．ここで，自然数 n に対し μ_n は 1 の n 乗根全体の集合を表し，$\mathbb{Q}(\mu_n)$ で 1 の n 乗根を添加した円分体を表す．また，

$$\mathbb{Q}(\mu_{N_0 p^\infty}) = \bigcup_{n \geq 1} \mathbb{Q}(\mu_{N_0 p^n})$$

である．円分体のガロア群は $\mathrm{Gal}(\mathbb{Q}(\mu_n)/\mathbb{Q}) \simeq (\mathbb{Z}/n\mathbb{Z})^\times$ であることが知られているから，$\mathbb{Z}_p^\times \simeq (\mathbb{Z}_p/q\mathbb{Z})^\times \times \mathbb{Z}_p$ である事実を合わせると，

$$\mathrm{Gal}(\mathbb{Q}(\mu_{N_0 p^\infty})/\mathbb{Q}) \simeq \varprojlim_n (\mathbb{Z}/N_0 p^n \mathbb{Z})^\times$$

$$\simeq (\mathbb{Z}/N_0 \mathbb{Z})^\times \times \varprojlim_n (\mathbb{Z}/p^n \mathbb{Z})^\times$$

$$= (\mathbb{Z}/qN_0\mathbb{Z})^\times \times \mathbb{Z}_p$$

となる．以後，$\Delta \simeq (\mathbb{Z}/qN_0\mathbb{Z})^\times$, $\Gamma \simeq \mathbb{Z}_p$ とおき，

$$\mathrm{Gal}(\mathbb{Q}(\mu_{N_0 p^\infty})/\mathbb{Q}) = \Delta \times \Gamma \tag{9.15}$$

と表す．

完備群環 Λ_{N_0} の商環 $Q(\Lambda_{N_0})$，そしてその部分集合である Λ_{N_0} 加群 $\tilde{\Lambda}_{N_0}$ を，以下のように定義する．

$$Q(\Lambda_{N_0}) = \left\{ \frac{\alpha}{\beta} \;\middle|\; \alpha, \beta \in \Lambda_{N_0},\ \beta\text{は零因子でない} \right\},$$
$$\tilde{\Lambda}_{N_0} = \{\theta \in Q(\Lambda_{N_0}) \mid (1 - (\sigma, \tau))\theta \in \Lambda_{N_0} \quad (\forall (\sigma, \tau) \in \Delta \times \Gamma)\}.$$

このとき，$\tilde{\Lambda}_{N_0}$ は次の命題によって表される．

●**命題 9.7** $\gamma \in \Gamma$ を Γ の $\mathbb{Z}_p$ 加群としての生成元とし，(9.15) によって $(1, \gamma) \in \Delta \times \Gamma$ が対応する $\mathrm{Gal}(\mathbb{Q}(\mu_{N_0 p^\infty})/\mathbb{Q})$ の元を γ_{N_0} とおく．このとき，次式が成り立つ．

$$\tilde{\Lambda}_{N_0} = \frac{N_\Delta}{\gamma_{N_0} - 1}\mathbb{Z}_p + \Lambda_{N_0}.$$

ただし，$N_\Delta = \sum_{\sigma \in \Delta} (\sigma, 1) \in \Lambda_{N_0}$ とする．

●**証明** はじめに，$\tilde{\Lambda}_{N_0} \supset \dfrac{N_\Delta}{\gamma_{N_0} - 1}\mathbb{Z}_p + \Lambda_{N_0}$ を示す．任意の $\theta \in \dfrac{N_\Delta}{\gamma_{N_0} - 1}\mathbb{Z}_p$ と任意の $(\sigma, \tau) \in \Delta \times \Gamma$ に対し，$(1 - (\sigma, \tau))\theta \in \Lambda_{N_0}$ が成り立つことを示せば良い．

$$(1 - (\sigma, \tau))\theta = (1, \tau)(1 - (\sigma, 1))\theta + (1 - (1, \tau))\theta$$

であるから，

$$(1, \tau)(1 - (\sigma, 1))\theta \in \Lambda_{N_0}, \tag{9.16}$$
$$(1 - (1, \tau))\theta \in \Lambda_{N_0} \tag{9.17}$$

の両方が成り立てば良い．(9.16) は，$(1 - (\sigma, 1))N_\Delta = 0$ より成り立つ．一方，$\tau \in \Gamma$ を生成元 γ を用いて $\tau = \gamma^\alpha$ ($\alpha \in \mathbb{Z}_p$) と表すことにより，$1 - \tau$ が $\gamma - 1$ で割り切れることがわかるので，(9.17) も成り立つ．

次に，$\tilde{\Lambda}_{N_0} \subset \dfrac{N_\Delta}{\gamma_{N_0} - 1}\mathbb{Z}_p + \Lambda_{N_0}$ を示す．$\theta \in \tilde{\Lambda}_{N_0}$ とすると，

$$(1-(1,\gamma))\theta \in \Lambda_{N_0} = \mathbb{Z}_p[\Delta] + ((1,\gamma)-1)\Lambda_{N_0}$$

より，

$$\theta = \frac{\alpha}{(1,\gamma)-1} + \beta \quad \left(\alpha = \sum_{\sigma \in \Delta} a_\sigma(\sigma,1),\ a_\sigma \in \mathbb{Z}_p,\ \beta \in \Lambda_{N_0}\right)$$

の形に書ける．$\tilde{\Lambda}_{N_0}$ の定義より，任意の $(\sigma,\tau) \in \Delta \times \Gamma$ に対して $(1-(\sigma,\tau))\theta \in \Lambda_{N_0}$ であるが，とくに $\tau=1$ のときを考えると，$(1-(\sigma,1))\theta \in \Lambda_{N_0}$ が任意の $\sigma \in \Delta$ に対して成り立つ．よって，$(1-(\sigma,1))\alpha = 0$，すなわち，$(1-\sigma)\sum_{\sigma' \in \Delta} a_{\sigma'}\sigma' = 0$ が成り立つ．これが任意の $\sigma \in \Delta$ に対して成り立つので，$\alpha_{\sigma'}$ は $\sigma' \in \Delta$ によらず一定でなくてはならない．よって，$\alpha = cN_\Delta$ と，ある定数 $c \in \mathbb{Z}_p$ を用いて書ける．以上より，$x \in \dfrac{N_\Delta}{\gamma_{N_0}-1}\mathbb{Z}_p + \Lambda_{N_0}$ が示された． Q.E.D.

ガロア群の分解 $\mathrm{Gal}(\mathbb{Q}(\mu_{N_0 p^\infty})/\mathbb{Q}) = \Delta \times \Gamma$ における第 2 成分への射影

$$\kappa:\ \mathrm{Gal}(\mathbb{Q}(\mu_{N_0 p^\infty})/\mathbb{Q}) \ni \sigma \longmapsto a \in \mathbb{Z}_p^\times$$

を円分指標と呼ぶ．$\mathrm{mod}\ q$ 写像を

$$\mathrm{mod}\ q:\ \mathbb{Z}_p^\times \longrightarrow (\mathbb{Z}/q\mathbb{Z})^\times$$

とおくとき，タイヒミュラー指標 ω を合成して得る $\omega \circ (\mathrm{mod}\ q) \circ \kappa$ を，やはりタイヒミュラー指標と呼び，同じ記号 ω で表す．すなわち，

$$\omega:\ \mathrm{Gal}(\mathbb{Q}(\mu_{N_0 p^\infty})/\mathbb{Q}) \longrightarrow \mathbb{Z}_p^\times$$

である．

$\tau \in \mathrm{Aut}(\mathbb{Z}_p[[\mathrm{Gal}(\mathbb{Q}(\mu_{p^\infty})/\mathbb{Q})]])$ を

$$\tau:\ \mathbb{Z}_p[[\mathrm{Gal}(\mathbb{Q}(\mu_{p^\infty})/\mathbb{Q})]] \longrightarrow \mathbb{Z}_p[[\mathrm{Gal}(\mathbb{Q}(\mu_{p^\infty})/\mathbb{Q})]]$$
$$\sum_\sigma a_\sigma \sigma \longmapsto \sum_\sigma a_\sigma \kappa(\sigma)\sigma$$

と定義する．また，自然な同型 $(\mathbb{Z}/p^n\mathbb{Z})^\times \simeq \mathrm{Gal}(\mathbb{Q}(\mu_{p^n})/\mathbb{Q})$ による $a \in (\mathbb{Z}/p^n\mathbb{Z})^\times$ の像を $\sigma_a \in \mathrm{Gal}(\mathbb{Q}(\mu_{p^n})/\mathbb{Q})$ とおき，各自然数 n に対して定まる $\mathbb{Z}_p$ 加群の準同型写像 Φ_n を

$$\Phi_n:\ \mathbb{Z}_p[[\mathrm{Gal}(\mathbb{Q}(\mu_{p^n})/\mathbb{Q})]] \longrightarrow \mathbb{Z}_p[t]/(t^{p^n}-1)$$

$$\sum_a \alpha_a \sigma_a \longmapsto \sum_a t^a$$

で定義する．Φ_n の逆極限を考えることにより，

$$\Phi : \mathbb{Z}_p[[\mathrm{Gal}(\mathbb{Q}(\mu_{p^\infty})/\mathbb{Q})]] \longrightarrow \mathbb{Z}_p[[t-1]]$$

を得る．$\mathbb{Z}_p[[t-1]]$ は，$\mathbb{Z}_p[[t^p-1]]$ 加群として，$1, t, t^2, \cdots, t^{p-1}$ を基底とする自由加群であるから，Φ の像は $H = \bigoplus_{a=1}^{p-1} t^a \mathbb{Z}_p[[t^p-1]]$ であり，Φ は $\mathbb{Z}_p$ 加群の同型

$$\Phi : \mathbb{Z}_p[[\mathrm{Gal}(\mathbb{Q}(\mu_{p^\infty})/\mathbb{Q})]] \simeq H$$

を与える．逆写像を $D_p = \Phi^{-1}$ とおく．

t の有理関数 $g(t)$ を，$g(t) = \dfrac{t}{1-t}$ と定義し，$c = 2, 3, 4, \cdots$ に対し $g_c(t) = g(t) - cg(t^c)$ とおく．$f_c(t) = g_c(t) - g_c(t^p)$ とすると，$f_c(t) \in H$ となることがわかる．そこで，元 $\theta_c \in \mathbb{Z}_p[[\mathrm{Gal}(\mathbb{Q}(\mu_{p^\infty})/\mathbb{Q})]]$ を，

$$\theta_c = D_p(f_c(t)) \in \mathbb{Z}_p[[\mathrm{Gal}(\mathbb{Q}(\mu_{p^\infty})/\mathbb{Q})]]$$

と定義する．

上で定義した写像 τ, Φ と写像 $t\dfrac{d}{dt} : H \to H$ との間に，次の関係が成り立つことは直ちにわかる．

$$\left(t\dfrac{d}{dt}\right) \circ \Phi = \Phi \circ \tau. \tag{9.18}$$

次の定理は，解析的に定義される「L 関数の値」が，代数的に定義される「完備群環上の指標の値」と一致することを示している．なお，本書では煩雑さを避けるため，証明は $N_0 = 1$ の場合に行ない，一般の場合の証明は省略する．

● **定理 9.8** 正の整数 N_0 は，素数 p と互いに素であるとする．このとき，ある $z_{N_0} \in \tilde{\Lambda}_{N_0}$ が存在して，導手 N が $N_0 p^a$ を割り切る ($\exists a \geqq 0$) ような任意のディリクレ指標 χ と，任意の正の整数 r に対し，

$$\chi \kappa^r(z_{N_0}) = \left(\prod_{l \mid N_0 p}(1 - \chi(l)l^{r-1})\right) L(1-r, \chi) \tag{9.19}$$

となる．ただし，(9.19) の左辺においては，ディリクレ指標 χ は $\overline{\mathbb{Q}_p^\times}$ に値を持

つとみなし，$\chi\kappa^r$ の定義域 $\mathrm{Gal}(\mathbb{Q}(\mu_{N_0 p^\infty})/\mathbb{Q})$ を，線形性と連続性により完備群環 $\tilde{\Lambda}_{N_0}$ に延長している．また，(9.19) の右辺においては，χ は $\mathbb{C}^\times$ に値を持つとみなし，複素関数 $L(s,\chi)$ を考えている．

●**証明** $N_0 = 1$ の場合に証明する．はじめに，$N = 1$ である場合に示す．すなわち，
$$\kappa^r(z) = (1 - p^{r-1})\zeta(1-r)$$
となるような $z \in \tilde{\Lambda}_1$ の存在を示す．

θ_c を上で定義した記号とし，$\sigma_c \in \mathrm{Gal}(\mathbb{Q}(\mu_{p^\infty})/\mathbb{Q})$ を，$\kappa(\sigma_c) = c$ なるものとする．任意の自然数 r に対して

$$\kappa^{r-1}(\theta_c) = \mathbf{1}(\tau^{r-1}(\theta_c)) = \left(t\frac{d}{dt}\right)^{r-1}(g_c(t) - g_c(t^p))|_{t=1}$$
$$= g_{r,c}(1) - p^{r-1}g_{r,c}(1) = (1 - p^{r-1})g_{r,c}(1).$$

ただし，自然数 r に対して $g_{r,c}(t) = \left(t\dfrac{d}{dt}\right)^{r-1} g_c(t)$ とおいた．ここでオイラーの等式
$$g_{r,c}(1) = (1 - c^r)\zeta(1-r)$$
を用いると，次式を得る．
$$\kappa^{r-1}(\theta_c) = (1 - c^r)(1 - p^{r-1})\zeta(1-r).$$

よって，$z_c = \dfrac{\tau^{-1}(\theta_c)}{1 - \sigma_c}$ とおくと，
$$\kappa^r(z_c) = \kappa^{r-1}(\theta_c)(1 - c^r)^{-1} = (1 - p^{r-1})\zeta(1-r)$$
である．右辺は c によらないので，z_c は c によらないことがわかる．以後，$z_c = z$ と書く．あとは，$z \in \tilde{\Lambda}_1$ を証明すれば，z が求める元 z_{N_0} となり，存在の証明を終わる．

まず，定義から $(1-c)z \in \Lambda_1$ が任意の c に対して成り立つ．次に，c の全体は $\mathbb{Z}_p^\times$ の中で稠密だから，任意の $\sigma \in \mathrm{Gal}(\mathbb{Q}(\mu_{p^\infty})/\mathbb{Q})$ に対して，$(1 - \sigma)z \in \Lambda_1$ である．よって，$z \in \tilde{\Lambda}_1$ である．以上で，$N = 1$ の場合に証明ができた．

次に,タイヒミュラー指標 ω に対し,$\omega^i \neq 1$ なる $i \in \mathbb{Z}$ をとる.自己準同型 $\tau_{\omega^i} \in \mathrm{End}(\mathbb{Z}_p[[\mathrm{Gal}(\mathbb{Q}(\mu_{p^\infty})/\mathbb{Q})]])$ を

$$\tau_{\omega^i} : \sum_\sigma a_\sigma \sigma \longmapsto \sum_\sigma a_\sigma \omega^i(\sigma)\sigma$$

とおくとき,定義に忠実に計算すると,

$$\Phi(\tau_{\omega^i}\tau(z)) = \frac{\sum\limits_{a=1}^{q-1} \omega^i(a) t^a}{1-t^q}$$

となるので,(9.18) を用いて

$$\omega^i \kappa^r(z) = \left(t\frac{d}{dt}\right)^{r-1} \left(\frac{\sum\limits_{a=1}^{q-1} \omega^i(a) t^a}{1-t^q}\right)\bigg|_{t=1} = L(1-r, \omega^i)$$

を得る.なお,最後の等号は,$\zeta(1-r)$ に対するオイラーの等式と同様に,$L(s, \omega^i)$ の解析接続により得られる.これで,$N \neq 1$ のときも証明が完了した.   Q.E.D.

定理 9.8 を用いると,定理 9.3 と定理 9.5 が証明できる.証明の準備として,いくつか記号を導入する.

ディリクレ指標 χ の導手が N であるとき,p と互いに素な自然数 N_0 を用いて $N = N_0 p^a$ と書く.(9.15) に伴う指標の分解を $\chi = \chi_1 \chi_2$ とおき,χ_1, χ_2 はそれぞれ Δ, Γ の指標とする.

完備群環 Λ_{N_0} から $O_{\chi_1}[[\Gamma]]$ への写像 ϕ_{χ_1} を,Δ 成分に χ_1 を施して Γ 成分に掛ける操作,すなわち,

$$\phi_{\chi_1}((\sigma, \tau)) = \chi_1(\sigma)\tau$$

と定義する.定理 9.5 のように生成元 $u \in 1 + q\mathbb{Z}_p$ を固定し,Γ の生成元 γ を $\kappa(\gamma) = u$ となるようにとる.すると,対応

$$O_{\chi_1}[[\Gamma]] \ni \gamma^\alpha \longmapsto (1+T)^\alpha \in O_{\chi_1}[[T]] \qquad (\alpha \in \mathbb{Z}_p)$$

は同型となる.これを合成することで,以下の環準同型を得る.

$$\phi_{\chi_1, u} : \Lambda_{N_0} \longrightarrow O_{\chi_1}[[\Gamma]] \simeq O_{\chi_1}[[T]].$$

この準同型の定義域を命題 9.7 を用いて自然に拡張し，同じ記号で
$$\phi_{\chi_1,u} : \tilde{\Lambda}_{N_0} \longrightarrow \frac{1}{T} O_{\chi_1}[[T]]$$
と書く．

●**定理 9.3 の証明** 定理 9.8 で存在が保障された元 $z_{N_0} \in \tilde{\Lambda}_{N_0}$ を用いて $g_{\chi_1}(T) = \phi_{\chi_1,u}(z_{N_0})$ とおく．さらに，
$$G_\chi(T) = g_{\chi_1}(\chi_2(\gamma)\kappa(\gamma)(1+T)^{-1} - 1)$$
とおく．$G_\chi(T)$ は，$O_\chi[[T]]$ の商体の元である．任意の自然数 r に対し，
$$G_\chi(\kappa(\gamma)^{1-r} - 1) = g_{\chi_1}(\chi_2(\gamma)\kappa(\gamma)(1+\kappa(\gamma)^{1-r}-1)^{-1} - 1) = g_{\chi_1}(\chi_2(\gamma)\kappa(\gamma)^r - 1).$$
ここで，分解 (9.15) における円分指標 κ の Γ 成分は $\dfrac{\kappa}{\omega}$ であるから，
$$g_{\chi_1}(\chi_2(\gamma)\kappa(\gamma)^r - 1) = g_{\chi_1}\left(\chi_2(\gamma)\left(\frac{\kappa}{\omega}\right)^r - 1\right)$$
$$= \chi_1\chi_2\left(\frac{\kappa}{\omega}\right)^r(z_{N_0}) \quad (g_{\chi_1} \text{ と } z_{N_0} \text{ の定義より})$$
$$= \chi\omega^{-r}\kappa^r(z_{N_0})$$
$$= (1 - \chi\omega^{-r}(p)p^{r-1})L(1-r, \chi\omega^{-r}) \quad (定理 9.8 より).$$

以上より，$L_p(s,\chi) = G_\chi(\kappa(\gamma)^s - 1)$ とおけば，定理 9.3 の主張である p 進 L 関数を得る．

次に，この $L_p(s,\chi)$ の正則性について調べる．命題 9.7 より，ある $c \in \mathbb{Z}_p$ と $g' \in O_{\chi_1}[[T]]$ を用いて
$$g_{\chi_1}(T) = \frac{\chi_1(N_\Delta)c}{T} + g'$$
と表せるので，
$$G_\chi(T) = \frac{\chi_1(N_\Delta)c}{\chi_2(\gamma)\kappa(\gamma)(1+T)^{-1} - 1} + G' \quad (G' \in O_\chi[[T]])$$
と表せる．したがって，ある p 進正則関数 f を用いて
$$L_p(s,\chi) = \frac{\chi_1(N_\Delta)c}{\chi_2(\gamma)\kappa(\gamma)^{1-s} - 1} + f$$

となる．$\chi \neq 1$ のとき，$\chi_2(\gamma) \neq 1$ であるから，$L_p(s,\chi)$ は全平面で正則となる．また，$\chi = 1$ のとき，分母の形より，$L_p(s,\chi)$ は $s = 1$ で高々1位の極を持つ．Q.E.D.

●定理 9.5 の証明　上で与えた記号 u の設定より $\kappa(\gamma) = u$ であることから，(1) は既に前定理において証明されている．以下，(2) を示す．

仮定より $\chi_1 \neq 1$ である．このとき，$\phi_{\chi_1}(N_\Delta) = 0$ であることから，命題 9.7 を用いて $\mathrm{Im}(\phi_{\chi_1,u}) \subset O_{\chi_1}[[T]]$ が成り立つことがわかる．よって，$g_{\chi_1}(T) \in O_{\chi_1}[[T]]$ であるから，$G_\chi(T) \in O_\chi[[T]]$ が成り立つ．

p が奇素数のとき，$\frac{1}{2} \in O_\chi$ であるから $G_\chi(T) \in \frac{1}{2} O_\chi[[T]]$ であり，証明を終わる．

以下，$p = 2$ の場合に示す．一般に，ディリクレ指標 ρ と正の整数 r に対し「ρ が奇指標で r が偶数」であるか，または「ρ が偶指標で r が奇数」のときに $L(1-r, \rho) = 0$ となることが知られている．ω が奇指標であることを考え合わせると，$\rho = \chi\omega^{-r}$ の偶奇は，r が偶数のときは χ の偶奇に一致し，r が奇数のときは χ の偶奇と逆になる．よって，χ が奇指標のとき，任意の r に対して $L(1-r, \rho) = 0$ が成り立つので，$\phi_{\chi,u}(z_{N_0}) = 0$ が成り立つ．

したがって，χ が偶指標のときに証明をすればよい．同型 $\mathrm{Gal}(\mathbb{Q}(\mu_{N_0 p^\infty})/\mathbb{Q}) \simeq (\mathbb{Z}/N_0)^\times \times \mathbb{Z}_p^\times$ による $(-1, -1) \in (\mathbb{Z}/N_0)^\times \times \mathbb{Z}_p^\times$ の逆像を σ' とおく．ここで，χ が偶指標という条件下で，$\phi_{\chi,u}((1-\sigma')z_{N_0}) = 1 - \chi(-1) = 1 - 1 = 0$ である．また，χ が奇指標のときには，先ほど見たように $\phi_{\chi,u}(z_{N_0}) = 0$ が成り立つから，やはり，$\phi_{\chi,u}((1-\sigma')z_{N_0}) = 0$ である．したがって，任意の指標 χ に対して $\phi_{\chi,u}((1-\sigma')z_{N_0}) = 0$ であるから，$(1-\sigma')z_{N_0} = 0$ が成り立つ．

命題 9.7 より

$$z_{N_0} = \frac{N_\Delta}{\gamma_{N_0} - 1} \cdot c + z'_{N_0} \quad (c \in \mathbb{Z}_p, \ z'_{N_0} \in \Lambda_{N_0})$$

とおけるが，この z'_{N_0} に対し，$(1-\sigma')z'_{N_0} = (1-\sigma')z_{N_0} = 0$ が成り立つ．すなわち，

$$z'_{N_0} = \sum_{\sigma \in \Delta} a_\sigma \sigma \quad (a_\sigma \in \mathbb{Z}_p[[\Gamma]])$$

とおくと，$a_\sigma - a_{\sigma\sigma'} = 0$ が成立する．したがって，$a_\sigma = a_{\sigma\sigma'}$ であるから，

$\phi_{\chi,u}(z_{N_0}) \in 2O_\chi[[T]]$ が成り立つ．ここで，χ は，分解 (9.15) における Δ の非自明な任意の偶指標である．

以上より，χ を成分として持つような $\mathrm{Gal}(\mathbb{Q}(\mu_{N_0 p^\infty})/\mathbb{Q})$ の任意の偶指標 $\tilde{\chi}$ に対し，$G_{\tilde{\chi}}(T) \in 2O_{\tilde{\chi}}[[T]]$ が成り立つ．奇指標 $\tilde{\chi}$ に対しては $G_{\tilde{\chi}}(T) = 0$ であったから，これで証明を終わる． Q.E.D.

9.5　岩澤主予想と L 関数の行列式表示

本節では，岩澤主予想とそのゼータ関数論における解釈を述べる．はじめに，記号を導入する．自然数 $N = N_0 p^a$ は前節の通りとし，χ は，N を法とする原始的ディリクレ指標で，値を $\overline{\mathbb{Q}_p}^\times$ に持つとみなす．前節で登場した体たちに，本節では記号を与えて $K_n = \mathbb{Q}(\mu_{N_0 p^n})$，$K_\infty = \mathbb{Q}(\mu_{N_0 p^\infty})$，$K = \mathbb{Q}(\mu_{N_0 q})$（$q$ は (9.9) で定義したもの）と表す．K_n のイデアル類群の p シロー部分群を A_{K_n} と書く．A_{K_n} ($n = 1, 2, 3, \cdots$) どうしの間には体 K_n どうしの間で定義されるノルム写像から導かれる写像があり，それによって逆極限

$$X_{K_\infty} = \varprojlim_n A_{K_n}$$

を考えられる．ここで，

$$(X)_\chi = X_{K_\infty} \underset{\Lambda_{N_0}}{\otimes} \Lambda_\chi$$

とおく．これは，いわば「X_{K_∞} の χ 成分」である．$(X)_\chi$ は，有限生成ねじれ Λ_χ 加群であることが知られている．ただし，一般に完備離散付値環 R 上の形式べき級数環 $A = R[[T]]$ に対し，有限生成 A 加群 M が**有限生成ねじれ A 加群**であるとは，$f \in A \setminus \{0\}$ で $fM = 0$ となるものが存在することである．

有限生成ねじれ A 加群 M, N に対して準同型 $\sigma: M \to N$ が存在して $\mathrm{Ker}(\sigma)$, $\mathrm{Coker}(\sigma)$ がともに R 加群として長さ有限であるとき，M, N は擬同型であるといい，$M \sim N$ で表す．代数学の定理で良く知られているように，有限生成ねじれ A 加群 M は一般に

$$M \sim (A/(f_1^{n_1})) \oplus \cdots \oplus (A/(f_r^{n_r}))$$

の形に書ける．ここで，$f_1, \cdots, f_r$ は A の既約元であり，$n_1, \cdots, n_r$ は自然数である．このとき，A のイデアル $(f_1^{n_1} \cdots f_r^{n_r})$ を，M の**特性イデアル**と呼び，$\mathrm{Char}(M)$

で表す.

Char(M) は，有限アーベル群 M が $M \simeq (\mathbb{Z}/(p_1^{n_1})) \oplus \cdots \oplus (\mathbb{Z}/(p_r^{n_r}))$ と素数 $p_1, \cdots, p_r$ を用いて表されるときの M の位数 $p_1^{n_1} \cdots p_r^{n_r}$ の類似であるから,「位数」の概念の拡張であるとみなせる.

● **定理 9.9（岩澤主予想（メイザー–ワイルスの定理））** χ を分解 (9.15) における Δ の指標で $\chi(-1) = -1$ かつ $\chi \neq \omega$ であるとする．このとき，$\Lambda_\chi \simeq O_\chi[[T]]$ のイデアル間の等式

$$\mathrm{Char}((X)_\chi) = \left(\frac{1}{2} G_{\chi^{-1}\omega}(T)\right) \tag{9.20}$$

が成り立つ.

(9.20) の左辺は純代数的に定義されているのに対し，右辺は p 進解析的に定義されるゼータ関数, L 関数の値である. 由来の異なる二つの量の間の深い結びつきを表すこの定理は，ゼータに内包された意義の深さを表しているといえる. 岩澤主予想 (9.20) を，あらゆる数式の中でも稀有な美しさを持った式であると評する人もいる.

なお，この定理には「岩澤主予想」の呼称が定着しているが，予想ではなく証明された定理である. 1985 年にメイザーとワイルスによって，p が奇素数の場合に証明され，1990 年にワイルスによって $p = 2$ の場合も解決された. その後，多くの研究者によって様々な別証明が得られていることも，この定理の奥深さを物語っている.

本書では定理の証明を述べるのではなく，この定理が「p 進 L 関数の行列式表示」を意味していることを説明する. それは，ゼータ関数論から見た岩澤主予想の解釈であり，位置づけである. 前章でセルバーグ・ゼータ関数に対して見たように，行列式表示はリーマン予想解決の鍵となるテーマであり，あらゆるゼータに関する究極の目標である. p 進ゼータに関しても，岩澤理論の到達点ともいえる岩澤主予想が，ゼータの行列式表示であるという事実は，興味深い.

以下，$N_0 = 1$ で p が奇素数の場合に，証明抜きで事実の概要のみを解説する.

$$X = X_{\mathbb{Q}(\mu_{p^\infty})} = \varprojlim_n A_{\mathbb{Q}(\mu_{p^n})},$$
$$X^{\omega^i} = \{x \in X \mid \sigma(x) = (\omega^i(\sigma))(x) \ (\forall \sigma \in \Delta)\}$$

とおくと，各 X^{ω^i} ($i = 0, 1, 2, \cdots$) は $\mathbb{Z}_p[[\Gamma]]$ 加群であり，分解

$$X = \bigoplus_{i=0}^{p-2} X^{\omega^i}$$

が成り立つ．i が奇数のとき，X^{ω^i} は有限生成自由 $\mathbb{Z}_p$ 加群であることが知られている．その $\mathbb{Z}_p$ 階数を λ_i とおく．分解（9.15）で導入した群 Γ の位相的生成元を一つとり，γ とする．このとき，$\gamma - 1$ 倍写像

$$X^{\omega^i} \ni x \longmapsto (\gamma - 1)x \in X^{\omega^i}$$

は $\mathbb{Z}_p$ 線形写像であり，$\mathbb{Z}_p$ を成分とする λ_i 次行列で表される．この行列を $V_{\gamma-1}$ とおく．

以上の記号の下で，次の行列式表示が成り立つことが知られている．

$$\mathrm{Char}(X^{\omega^i}) = (\det(TI - V_{\gamma-1})). \tag{9.21}$$

ただし，ここでは $\mathrm{Char}(X^{\omega^i})$ を，同型

$$\mathbb{Z}_p[[\Gamma]] \simeq \mathbb{Z}_p[[T]]$$
$$\gamma \mapsto 1 + T$$

によって $\mathbb{Z}_p[[T]]$ のイデアルとみなしている．

行列式表示（9.21）の左辺は，$\chi = \omega^i$ のとき，岩澤主予想に登場した $\mathrm{Char}((X)_\chi)$ に等しい．岩澤主予想によれば，$\mathrm{Char}((X)_\chi)$ は p 進 L 関数の値そのものであったから，(9.21) は，p 進 L 関数が行列式表示されることを表している．

なお，上の説明で i を奇数としたが，i が偶数の場合は未解明である．一般に，任意の偶数 i に対し，$X^{\omega^i} = 0$ であろうと予想されており，これをヴァンディヴァー予想という．それよりも弱く，X^{ω^i} が有限であろうというグリーンバーグ予想もある．これまでに知られているのは，自明に得られる $X^{\omega^0} = 0$ と，K 理論を用いて示される $X^{\omega^{p-1}} = 0$ のみである．

第10章
ゼータ関数の統一

ゼータ関数の統一という観点からゼータ関数の研究を見直してみよう.

数論的ゼータ関数（基本的には，通常の素数に関するオイラー積を持つもの）に対する統一としては

「ガロア表現のゼータ関数」＝「保型表現（保型形式）のゼータ関数」

という一致を言うラングランズ予想（1970年にラングランズが提出）がある．これは，類体論（1920年，高木貞治）や谷山予想（1955年，谷山豊）を一般化した形になっている．

さらなるゼータ関数の一致の方向としてはセルバーグ・ゼータ関数まで含める統一が期待される．それによって，リーマン予想の成立するゼータ関数の範囲を拡大することができるであろう．

21世紀になって始まった統一への動きとしては，すべてのゼータ関数を絶対ゼータ関数と見て統一しようという研究がある．ここで，絶対ゼータ関数とは絶対保型形式から構成されるゼータ関数のことであり，特別の場合には合同ゼータ関数（$\mathbb{F}_p$ 上）の "$p \to 1$" の極限としても得られていた（第4章参照）．

本章ではこれらの点を簡単に解説する．

10.1 ラングランズ予想

代数体 K（有理数体 $\mathbb{Q}$ の有限次拡大体）のラングランズ予想とは，おおまかには次の形をしている．

● **ラングランズ予想** $n = 1, 2, 3, \cdots$ に対して

$$\{ \text{ガロア表現 } \rho \colon \mathrm{Gal}(\overline{K}/K) \longrightarrow GL(n, \overline{\mathbb{Q}_l}) \}$$
$$1 : 1 \updownarrow \quad \text{対応の条件 } L(s, \rho) = L(s, \pi)$$
$$\{ GL(n, \mathbb{A}_K) \text{ の (代数的) 保型表現 } \pi \}.$$

ここでは「(代数的) 保型表現」の詳細には立ち入らないが，$GL(n, \mathbb{A}_K)$ ($\mathbb{A}_K$ は K のアデール環) の保型表現 π とは $GL(n, \mathbb{A}_K)$ の表現であって $L^2(GL(n, K) \backslash GL(n, \mathbb{A}_K))$ の部分空間を表現空間として持つものを指し，「代数的」とはゼータ関数 $L(s, \pi)$ のオイラー積の各因子が $\overline{\mathbb{Q}}$ 係数になっているものである．なお，ガロア表現の側では $\overline{\mathbb{Q}_l}$ 上の l 進表現の代わりに $\mathbb{C}$ 上の表現も含める．ただし，体としては $\overline{\mathbb{Q}_l}$ と $\mathbb{C}$ は同型であり，大きな違いはない．あるのは $\overline{\mathbb{Q}_l}$ と $\mathbb{C}$ の自然な位相の違いである．

ラングランズ予想は $n = 1$ の場合のみ完全に証明されていて，$n \geqq 2$ の場合には部分的結果しか得られていない．$n = 1$ の場合は類体論 (1920 年，高木貞治) であり，その主内容は次の同型である：

$$\mathrm{Gal}(\overline{K}/K)^{\mathrm{ab}} \cong (GL(1, K) \backslash GL(1, \mathbb{A}_K))/(\text{単位元の連結成分})$$
$$\| \qquad\qquad\qquad \|$$
$$\mathrm{Gal}(K^{\mathrm{ab}}/K) \qquad\qquad C_K/C_K^0.$$

ここで，$\mathrm{Gal}(\overline{K}/K)^{\mathrm{ab}}$ は $\mathrm{Gal}(\overline{K}/K)$ の最大アーベル商

$$\mathrm{Gal}(\overline{K}/K)/\overline{[\mathrm{Gal}(\overline{K}/K), \mathrm{Gal}(\overline{K}/K)]}$$

のことであり，K^{ab} は K の最大アーベル拡大である．左辺においては，類体論とは $\mathrm{Gal}(K^{\mathrm{ab}}/K)$ を求めることであったことに留意されたい．右辺はイデール類群

$$C_K = GL(1, K) \backslash GL(1, \mathbb{A}_K)$$

が古典的なイデアル類群の精密版となっていることに注意しておこう．いずれにしても，類体論では

$$\mathrm{Gal}(\overline{K}/K)^{\mathrm{ab}} = \mathrm{Gal}(K^{\mathrm{ab}}/K)$$

を群として記述することが可能となった．必要な保型表現は「量指標」（ヘッケ）

$$\pi : C_K \longrightarrow GL(1,\mathbb{C})$$

であって，それがガロア指標

$$\rho : \mathrm{Gal}(\overline{K}/K) \longrightarrow GL(1,\mathbb{C})$$

に対応している．

類体論の成立が確立した後の 1920 年～1970 年の半世紀は類体論をモデルとして群 $\mathrm{Gal}(\overline{K}/K)$ を記述しようとする試みが行われたのであったが，ラングランズは群 $\mathrm{Gal}(\overline{K}/K)$ 自身ではなくそのガロア表現全体（群 $\mathrm{Gal}(\overline{K}/K)$ の双対（dual））を記述すべきであるとして，ラングランズ予想を提出したのである．これは，類体論の観点からは大転換であった．

10.2　ラングランズ予想の実例

簡単な場合に対応を少し書いておこう．

（A）円分体

$N \geqq 1$ に対して

$$\boldsymbol{\mu}_N = \{\alpha \in \mathbb{C}^\times \mid \alpha^N = 1\}$$

とし，ガロア表現

$$\rho : \mathrm{Gal}(\overline{\mathbb{Q}}/\mathbb{Q}) \xrightarrow{\text{全射}} \mathrm{Gal}(\mathbb{Q}(\boldsymbol{\mu}_N)/\mathbb{Q}) \xrightarrow{\rho} \mathbb{C}^\times$$

を考える．すると

$$L(s,\rho) = \prod_{p \nmid N} (1 - \rho(\mathrm{Frob}_p) p^{-s})^{-1}$$

がアルティン・ゼータ関数（アルティン L 関数）である．ここで，ガロア理論・類体論の同型

$$\begin{array}{ccc}
\mathrm{Gal}(\mathbb{Q}(\boldsymbol{\mu}_N)/\mathbb{Q}) & \cong & (\mathbb{Z}/(N))^\times \\
\rotatebox{90}{=} & & \rotatebox{90}{=} \\
\mathrm{Frob}_p & \leftrightarrow & \overline{p} = p \pmod{N}
\end{array}$$

を通して

$$\pi\colon (\mathbb{Z}/(N))^\times \xrightarrow{\text{同型}} \operatorname{Gal}(\mathbb{Q}(\boldsymbol{\mu}_N)/\mathbb{Q}) \xrightarrow{\rho} \mathbb{C}^\times$$

$$\overline{p} \longmapsto \operatorname{Frob}_p$$

と定まるディリクレ指標 π のゼータ関数

$$L(s,\pi) = \prod_{p\nmid N}(1-\pi(\overline{p})p^{-s})^{-1}$$

は

$$\pi(\overline{p}) = \rho(\operatorname{Frob}_p) \quad (p\nmid N)$$

を満たしているため,一致

$$L(s,\pi) = L(s,\rho)$$

が成立している.とくに,$L(s,\pi)$ の解析接続・関数等式から $L(s,\rho)$ の解析接続・関数等式が得られる.これは,ラングランズ予想の単純な場合である.

(B) 楕円曲線

特別な場合のみ考える.$\mathbb{Q}$ 上の楕円曲線

$$E\colon y^2 - y = x^3 - x^2$$

に対して,そのゼータ関数(ガロア表現型,ハッセ・ゼータ型)は

$$L(s,E) = \prod_{p\neq 11}(1-a(p)p^{-s}+p^{1-2s})^{-1} \times (1-a(11)11^{-s})^{-1}$$

となる.ここで,$p\neq 11$ に対しては

$$\begin{aligned}a(p) &= p - [y^2-y \equiv x^3-x^2 \pmod{p} \text{ の解の個数}] \\ &= p+1-|E(\mathbb{F}_p)|\end{aligned}$$

である.ただし,E は(普通)射影空間内で考えるので,原点 (∞,∞) を $E(\mathbb{F}_p)$ の元として数えているため,上記の 1 の違いが生じている.また,$a(11)=1$ である.

次に保型形式

$$\begin{aligned}F &= q\prod_{n=1}^{\infty}(1-q^n)^2(1-q^{11n})^2 \\ &= \sum_{n=1}^{\infty} b(n)q^n\end{aligned}$$

を考える.ここで,$q = e^{2\pi i z}$ ($\mathrm{Im}(z) > 0$) であり,$F = F(z)$ は $SL(2,\mathbb{Z})$ の合同部分群 $\Gamma_0(11)$ に対する重さ 2 の保型形式（第 7 章参照）になっていて,4 変数 2 次形式のテータ級数ともなっている.計算によって $b(11) = 1$ となることがわかる.F のゼータ関数は

$$L(s, F) = \prod_{p \neq 11} (1 - b(p)p^{-s} + p^{1-2s})^{-1} \times (1 - b(11)11^{-s})^{-1}$$

である.このとき,アイヒラーは論文 "Quaternär quadratische Formen und die Riemannsche Vermutung für die Kongruenzzetafunktionen" Arch. Math. **5** (1954) 355–366 [4 変数 2 次形式と合同ゼータ関数に対するリーマン予想] において等式

$$\boxed{L(s, E) = L(s, F)}$$

が成立することを証明した.具体的に書けば,等式

$$\boxed{\text{すべての } p \text{ に対して} \quad a(p) = b(p)}$$

が成立することに他ならない.

アイヒラーが「リーマン予想」と呼んでいるのは,合同ゼータ関数に対するリーマン予想であり,不等式

$$|a(p)| \leqq 2\sqrt{p} \quad (p \neq 11)$$

と同値である.この不等式は 1933 年にハッセが証明していた.したがって,

> **系** F はラマヌジャン予想を満たす.

が従うのである.ここで,F のラマヌジャン予想とは

$$|b(p)| \leqq 2\sqrt{p} \quad (p \neq 11)$$

が成立するという予想である.

谷山豊はアイヒラーの対応関係

$$E \longleftrightarrow F$$

が,もっと一般の楕円曲線 E と保型形式 F（重さ 2）の間に成立することを予想した

（谷山予想，1955 年）．フェルマー予想の解決は谷山予想を必要になる場合のみ（導手が平方因子なしの場合）証明することによって 1995 年に成された（ワイルスをテイラーが援助）．

(C) ラマヌジャンの Δ

ラマヌジャンは 1916 年に Δ 関数

$$\Delta = q \prod_{n=1}^{\infty}(1-q^n)^{24} = \sum_{n=1}^{\infty} \tau(n)q^n$$

の場合を考えた（第 7 章参照）．Δ は $SL(2,\mathbb{Z})$ に対する重さ 12 の保型形式となる．ラマヌジャンはゼータ関数

$$L(s,\Delta) = \sum_{n=1}^{\infty} \frac{\tau(n)}{n^s}$$

を考察し，オイラー積表示

$$L(s,\Delta) = \prod_{p:\text{素数}} (1-\tau(p)p^{-s}+p^{11-2s})^{-1}$$

を持つことを予想した（これは 1917 年にモーデルが証明した）．さらに

● **ラマヌジャン予想** $|\tau(p)| \leqq 2p^{\frac{11}{2}}$

を提出した．この場合のラマヌジャン予想の証明は，(B) の場合 —— 重さ 2 —— と違って重さ 12 のため難しさが格段に上がり，完了したのは 1974 年であった（ドリーニュ）．

その証明の過程は長い話になるのでグロタンディーク（1928 – 2014）による超人的なスキーム論の研究が根本にあったことのみ触れてゼータ関数の一致の点だけ説明しよう．必要なガロア表現

$$\rho = \rho_\Delta : \text{Gal}(\overline{\mathbb{Q}}/\mathbb{Q}) \to GL(2,\mathbb{Q}_l)$$

は佐藤幹夫の研究を発展させることによってドリーニュが構成した．重さ 12 ということから，$11=12-1$ 次元の代数多様体が使われる（重さ 2 の (B) のときは $1=2-1$ 次元の代数多様体である代数曲線・楕円曲線が使われていたことに注意）．ドリーニュの構成によって

$$\boxed{L(s,\rho_\Delta) = L(s,\Delta)}$$

が成立し，系として等式

$$\mathrm{tr}(\rho_\Delta(\mathrm{Frob}_p)) = \tau(p)$$

から，ラマヌジャン予想

$$|\tau(p)| \leq 2p^{\frac{11}{2}}$$

が従うのである．もちろん，不等式

$$|\mathrm{tr}(\rho_\Delta(\mathrm{Frob}_p))| \leq 2p^{\frac{11}{2}}$$

の証明は合同ゼータ関数のリーマン予想の証明（ドリーニュ，1974年）が用いられている（定理 4.2 参照）．

このように，ラングランズ予想の等式

$$L(s,\rho) = L(s,\pi)$$

は左辺から右辺への応用（主に代数的）にも，右辺から左辺への応用（主に解析的）にも有効なのである．

10.3　ラングランズ予想の研究

　ラングランズ予想を一般的に証明する方法は知られていない．これまで部分的な解決をもたらした方法は，いずれも複雑なものであり，ここでは解説できない．
　簡単に言えば，その方針は，ガロア表現 ρ と保型表現 π に対して

$$\rho \rightsquigarrow \pi$$
$$\pi \rightsquigarrow \rho$$

という双方向の構成を可能な限りたくさん行なうということに尽きる．通常は，一般には

$$\rho \rightsquigarrow \pi$$

の構成は非常に困難なため，

$$\pi \rightsquigarrow \rho$$

という構成をできる限り多くの π に対して行なうことが基本となる．そうして，構成

されたガロア表現（あるいはその変形）内に望みのガロア表現が入っていることを期待するのである．

10.4　佐藤–テイト予想の証明

2011 年に成された佐藤–テイト予想の証明（テイラーたち 4 人組）は，ラングランズ予想の良い活用例となっているので簡単に触れておこう．

ラマヌジャンの Δ に対するラマヌジャン予想

$$|\tau(p)| \leqq 2p^{\frac{11}{2}}$$

（10.2 節）により

$$\tau(p) = 2p^{\frac{11}{2}} \cos(\theta(p))$$

となる $\theta(p) \in [0, \pi]$ が一意的に定まる．このとき，佐藤–テイト予想とは次の通りである：

> **佐藤–テイト予想**　$0 \leqq \alpha < \beta \leqq \pi$ に対して
>
> $$\lim_{x \to \infty} \frac{[x \text{ 以下の素数 } p \text{ で } \theta(p) \in [\alpha, \beta] \text{ となるものの個数}]}{[x \text{ 以下の素数の個数}]} = \int_\alpha^\beta \frac{2}{\pi} \sin^2 \theta d\theta.$$

佐藤–テイト予想は，1963 年 5 月に佐藤幹夫が数値例をもとに予想を提出し，1964 年にテイトが佐藤の予想をゼータ関数を用いて解釈したため「佐藤–テイト予想」と呼ばれている．

佐藤–テイト予想を証明するには，すべての自然数 $m \geqq 1$ に対するゼータ関数族

$$L_m(s, \Delta) = \prod_p [(1 - e^{im\theta(p)} p^{-s})(1 - e^{i(m-2)\theta(p)} p^{-s})$$
$$\cdots (1 - e^{-i(m-2)\theta(p)} p^{-s})(1 - e^{-im\theta(p)} p^{-s})]^{-1}$$

が

　　　　　　『$\mathrm{Re}(s) \geqq 1$ において，正則かつ零点無し』　　　　　（☆）

を満たすことを示せばよいことがわかっていた（テイト，セール）．しかし，(☆) ができていたのは $m \leqq 10$ くらいまでであり，一般の m では全く見通しが立っていなかっ

たのである．

それをすべての m に対して可能にしたのは，ラングランズ予想を必要なだけ証明できたおかげであり，

$$L_m\left(s - \frac{11}{2}m,\ \Delta\right) = L(s,\ \mathrm{Sym}^m \circ \rho_\Delta)$$

という等式が鍵であった．ここで，

$$\mathrm{Sym}^m : GL(2) \longrightarrow GL(m+1)$$

は対称テンソル表現であり，具体的には

$$\begin{pmatrix} a & b \\ c & d \end{pmatrix} \in GL(2)$$

に対して

$$\mathrm{Sym}^m \begin{pmatrix} a & b \\ c & d \end{pmatrix} \in GL(m+1)$$

を，不定元 x, y によって

$$((ax+cy)^m,\ (ax+cy)^{m-1}(bx+dy),\ \cdots,\ (bx+dy)^m)$$
$$= (x^m,\ x^{m-1}y,\ \cdots,\ y^m)\mathrm{Sym}^m \begin{pmatrix} a & b \\ c & d \end{pmatrix}$$

と定めたものである．たとえば，

$$\mathrm{Sym}^1 \begin{pmatrix} a & b \\ c & d \end{pmatrix} = \begin{pmatrix} a & b \\ c & d \end{pmatrix},$$

$$\mathrm{Sym}^2 \begin{pmatrix} a & b \\ c & d \end{pmatrix} = \begin{pmatrix} a^2 & ab & b^2 \\ 2ac & ad+bd & 2bd \\ c^2 & cd & d^2 \end{pmatrix}$$

である．

つまり，$m+1$ 次元のガロア表現

$$\mathrm{Sym}^m \circ \rho_\Delta : \mathrm{Gal}(\overline{\mathbb{Q}}/\mathbb{Q}) \to GL(m+1, \mathbb{Q}_l)$$

に対応する $GL(m+1, \mathbb{A}_\mathbb{Q})$ の保型表現 π_m が存在することを言えば（☆）が従うのである．ここで $\mathbb{A}_\mathbb{Q}$ は $\mathbb{Q}$ のアデール環であることは 10.1 節の通りである．よって，焦点はラングランズ予想の等式

$$L(s, \mathrm{Sym}^m \circ \rho_\Delta) = L(s, \pi_m)$$

を満たす保型表現 π_m を見つけることとなる．このことは，2011 年出版のテイラーたちの論文において，必要な範囲のラングランズ予想を証明することによって達成された．

振り返ってみると，保型表現側において

$$\Delta \rightsquigarrow \pi_m$$

の構成は ($m > 10$ では，少なくとも) 非常に困難なのであるが，ガロア表現側においての構成

$$\rho_\Delta \rightsquigarrow \mathrm{Sym}^m \circ \rho_\Delta$$

はほとんど初等的に出来ているという極端な対比が教訓とすべきものである．

10.5　ラングランズ予想の変種

ラングランズ予想は，代数体 K ($\mathbb{Q}$ の有限次拡大体) の代わりに標数 $p > 0$ の大域体 K ($\mathbb{F}_p(T)$ の有限次拡大体) にしても，全く同じ形で予想が定式化される (今回は，保型表現の「代数性」は自動的に成立してしまう)．

このときのラングランズ予想は完全に証明されている：

$n = 1$ は類体論，

$n = 2$ はドリンフェルト (1980 年)

$n = 3$ はラフォルグ (2002 年)

ドリンフェルトとラフォルグは，この業績によって各々フィールズ賞を受賞した．

さらに，$GL(n, \mathbb{A}_K)$ のすべての保型表現に対するラマヌジャン予想も完全に証明されている．

なお，今の場合には，ガロア表現

$$\rho : \mathrm{Gal}(\overline{K}/K) \to GL(n, \overline{\mathbb{Q}_l})$$

に対するゼータ関数 $L(s, \rho)$ の解析接続・正則性・関数等式は行列式表示 (グロタンディーク，1965 年) によって，ラングランズ予想提出 (1970 年) 前に出来ていたことが問題を易しくしている．代数体版では対応することは全く成されていない．また，代数体版ではリーマン予想の証明も成されていないが，標数 $p > 0$ の大域体版では

リーマン予想の証明も完了している．

このように，代数体上と標数 $p > 0$ の大域体上では，類似の性質が考えられるのであるが，代数体版の証明はとても難しくなってくるのが普通である．

ラングランズ予想の類似物としては，$\mathbb{C}$ 上の関数体 K（リーマン面の関数体 K）に対しても定式化が行なわれていて，ほぼ証明されている（21 世紀，ウィッテンなど）．これは，主に素粒子の弦理論に関係する物理学者と数学者によって研究されている分野である．

このように，ラングランズ予想の場合には

代数体 K 上	$\mathbb{F}_p$ 上の関数体 K 上	$\mathbb{C}$ 上の関数体 K 上

という 3 つの類似版を比較すると，本来の代数体 K 上版以外はほぼ解決されていることになる．

10.6　セルバーグ・ゼータ関数との統一

セルバーグ・ゼータ関数は，適当な群 Γ に対して
$$\zeta_\Gamma(s) = \prod_{P \in \mathrm{Prim}(\Gamma)} (1 - N(P)^{-s})^{-1}$$
と構成される：$\mathrm{Prim}(\Gamma)$ は Γ の "素な共役類"，$N(P) > 1$．表現
$$\rho : \Gamma \longrightarrow GL(n, \mathbb{C})$$
が与えられているときは
$$\zeta_\Gamma(s, \rho) = \prod_{P \in \mathrm{Prim}(\Gamma)} \det(1 - \rho(P)N(P)^{-s})^{-1}$$
である．たとえば，種数が 2 以上のコンパクトリーマン面 M が与えられたときには，$\Gamma = \pi_1(M)$ を M の基本群とすると Γ は自然に $SL(2, \mathbb{R})$ の離散部分群となりセルバーグ・ゼータ関数
$$\zeta_\Gamma(s) = \zeta_M(s)$$
は解析接続・関数等式・リーマン予想まで証明される：表現 ρ が付いていても同様であり，第 8 章を見られたい．今の場合は，

第 10 章 ゼータ関数の統一

$$\gamma \in \Gamma \subset SL(2,\mathbb{R})$$

の固有値を α, β とすると，γ の定める共役類 $[\gamma]$ に対して

$$N([\gamma]) = \max\{|\alpha|^2, |\beta|^2\}$$

である．

ただし，普通は $N([\gamma])$ は素数（のべき）ではないし，自然数ですらない．たとえば，$\Gamma = SL(2,\mathbb{Z})$ のときには実 2 次単数となる：

$$\zeta_{SL(2,\mathbb{Z})}(s) = \prod_{F:\text{実 2 次体}} (1 - \varepsilon(F)^{-2s})^{-h(F)},$$

$\varepsilon(F)$ は基本単数，$h(F)$ は類数．

すると，

$$\zeta(s) = \zeta_\Gamma(s)$$

となるような Γ（$\Gamma =$ "$\pi_1(\operatorname{Spec}(\mathbb{Z}))$" であろうと考えられる）が何であるかが重要な問題となる．これは，もっと一般の数論的ゼータ関数（ガロア表現のゼータ関数や保型表現のゼータ関数）$Z(s)$ に対して

$$Z(s) = \zeta_\Gamma(s, \rho)$$

と書きたい，という問題になる．そのように出来れば，ラングランズ予想によって統一されるはずの数論的ゼータ関数がセルバーグ型ゼータ関数とも統一されるということになる．その結果，数論的ゼータ関数に対するリーマン予想も証明できることが期待される．

10.7　絶対ゼータ関数からの統一

21 世紀になって，絶対ゼータ関数の研究が活発になった．絶対ゼータ関数は絶対保型形式 $f(x)$（保型性は $f\left(\dfrac{1}{x}\right) = Cx^{-D}f(x)$ である）から次の順序で構成される．

$$f \qquad\qquad\qquad :\text{絶対保型形式}$$

$$\Downarrow$$

$$Z_f(w,s) = \frac{1}{\Gamma(w)} \int_1^\infty f(x) x^{-s-1} (\log x)^{w-1} dx \quad :\text{絶対フルビッツ・ゼータ関数}$$

$$\Big\downarrow$$

$$\zeta_f(s) = \exp\left(\left.\frac{\partial}{\partial w} Z_f(w,s)\right|_{w=0}\right) \ : \text{絶対（ハッセ）ゼータ関数}.$$

すると，すべての（完備）ゼータ関数 $\widehat{Z}(s)$ に対して

$$\widehat{Z}(s) = \zeta_f(s)$$

となる絶対保型形式 $f(x)$ が存在して，望ましい性質（関手性など）を満たすかどうかが問題となる．たとえば

$$\widehat{\zeta}(s) = \zeta_f(s)$$

となる $f(x)$ は形式的には

$$f(x) = x - \sum_{\widehat{\zeta}(\alpha)=0} x^\alpha + 1$$

であり，保型性は

$$f\left(\frac{1}{x}\right) = x^{-1} f(x)$$

ということになる．

ゼータ関数の仲間である多重ガンマ関数 $\Gamma_r(s)$ については，

$$f_r(x) = \left(\frac{x}{x-1}\right)^r$$

によって

$$\Gamma_r(s) = \zeta_{f_r}(s)$$

となる．ここで，

$$\Gamma_r(s) = \Gamma_r(s, (1, \cdots, 1))$$

は周期 $(1, \cdots, 1)$ の r 重ガンマ関数である．たとえば

$$\Gamma_1(s) = \frac{\Gamma(s)}{\sqrt{2\pi}} = \zeta_{f_1}(s)$$

が通常のガンマ関数（1729 年，オイラー）の場合である．

このような絶対ゼータ関数 $\zeta_f(s)$ はオイラーが 250 年近く前の 1774 年 10 月〜1776 年 8 月のいくつもの論文において研究を行なっていたことが，ごく最近わかってきた（黒川信重「オイラーのゼータ関数論」『現代数学』2017 年 4 月号〜2018 年 3 月号参照）．

絶対ゼータ関数による統一が，ラングランズ予想やセルバーグ型ゼータ関数による統一と大きく異なるところは，「オイラー積表示」を持たないようなゼータ関数の仲間（たとえば多重ガンマ関数）なども取り込んでいる点である．

絶対ゼータ関数によってゼータ関数全体を統一するというテーマに関しては，始まったばかりであり，これからの進展が期待される．

10.8　統一論

ゼータ関数の統一とは，ここで簡単に振り返った通り，いろいろな段階のものが考えられる．類体論（1920 年）から非可換類体論予想へと拡大されてきたラングランズ予想（1970 年）の証明は，現代数論の大きな目標となっている．

ラングランズ予想『$L(s,\rho) = L(s,\pi)$』を部分的に解決して，その応用として問題を解決するという成果だけでも，既に

- 1974 年：ラマヌジャン予想（$SL(2,\mathbb{Z})$ の合同部分群の正則 保型形式の場合）の証明 ［ドリーニュ］
- 1995 年：フェルマー予想の証明 ［ワイルス＋テイラー］
- 2011 年：佐藤–テイト予想の証明 ［テイラーたち］

などが得られている．

このように，新たな統一が得られるごとに，様々な応用が期待されるのである．現代数論において未解決の難問であるリーマン予想の解決も，そのようにして得られることであろう．

付録

整数と多項式の類似

整数論では整数と多項式の類似に着目すると対応する問題を通して理解が深まることが多い．第 4 章 4.1 節においてその一端を解説した．ここではその対応を整理しておこう．

有名な問題として

(A) リーマン予想

(B) ラングランズ予想

(C) ABC 予想

がある．いずれも多項式版（係数は有限体 $\mathbb{F}_q$）の場合には証明が完了しているものの，整数版は極度に難しく，研究が進展している状況にある．

ただし，整数版の場合にも，一元体 $\mathbb{F}_1$ 上の"多項式"類似としての考察により，統一的な見方が期待されている．

要点は次の通り：

(A) $\underset{\mathbb{F}_1}{\mathbb{Z}\otimes}\cdots\underset{\mathbb{F}_1}{\otimes}\mathbb{Z}$ がわかると，リーマン予想が出る．

(B) $\mathrm{Gal}(\mathbb{Z}/\mathbb{F}_1)$ がわかると，ラングランズ予想が出る．

(C) $\mathbb{F}_1$ 上の楕円曲線論がわかると，ABC 予想が出る．

いずれも，$\mathbb{F}_q$ 上の対応物は完了している．

整数と多項式が似ている点を見ておこう．それには，整数全体

$$\mathbb{Z} = \{0, \pm 1, \pm 2, \pm 3, \cdots\}$$

と（複素数係数）多項式全体

$$\mathbb{C}[x] = \{a_0 + a_1 x + \cdots + a_n x^n \mid a_i \in \mathbb{C}, n \geqq 0\}$$

とを比較してみるのがわかりやすい．ここで，$\mathbb{C}$ は複素数全体（複素数体と呼ぶ）である．$\mathbb{Z}$ も $\mathbb{C}[x]$ もどちらでも，四則演算である加・減・乗・除（$+, -, \times, \div$）のう

ち前の3つは自由にできて，最後の除法のみが一部可能となっている．たとえば，

$\mathbb{Z}$: $12 \div 3 = 4$ は可, $12 \div 5$ は不可

$\mathbb{C}[x]$: $(x^2 - 1) \div (x + 1) = x - 1$ は可, $(x^2 - 1) \div (x + 2)$ は不可

となる．また，整数における素数に当たるもの（素元という）は $\mathbb{C}[x]$ では $x - \alpha$ ($\alpha \in \mathbb{C}$) という1次式と考えられる．このとき，多項式 $f(x) \in \mathbb{C}[x]$ は

$$f(x) = c(x - \alpha_1) \cdots (x - \alpha_n)$$

という形に分解できる，というのが，整数における素因数分解に対応する．これを素元分解という．$\mathbb{C}[x]$ の素元分解はガウスが1800年頃に証明したもので「代数学の基本定理」と呼ばれる大定理である．

さらに，素数が無限個存在することに対応して $\mathbb{C}[x]$ の素元も無限に存在する．ただし，念のために注意しておくと「素数が無限個存在する」というときの「無限」と「$\mathbb{C}[x]$ の素元 $x - \alpha$ ($\alpha \in \mathbb{C}$) が無限個存在する」というときの「無限」は大きさが違う．数学的に言うと前者は「可算無限」，後者は「非可算無限」であり，後者の方が前者よりずっと大きい無限となっている．

また，整数に対してフェルマー予想が成り立つことに対応して，$\mathbb{C}[x]$ においてもフェルマー予想が成り立つ，という具合になっている．現在検証が進んでいるABC予想は，整数に対しては極めて難しい問題あるが，多項式に対しては以前から解決済である．

なお，多項式は，ここではもっぱら複素数係数のものを考えたが，その他にも

実数係数の多項式全体　　$\mathbb{R}[x]$,
有理数係数の多項式全体　$\mathbb{Q}[x]$,
整数係数の多項式全体　　$\mathbb{Z}[x]$

なども良く研究されている．とくに，数論の立場からすると，有限体 $\mathbb{F}_p$ 係数の多項式全体 $\mathbb{F}_p[x]$ は整数全体 $\mathbb{Z}$ とよく似ていて，しばしば並置される．ここで，$\mathbb{F}_p$ とは各素数 p に対して

$$\mathbb{F}_p = \{0, 1, \cdots, p - 1\}$$

としたもので，加・減・乗の三則演算は通常の整数での演算の答えを p で割った余りとするものである．そうすると，$\mathbb{F}_p$ では0で割ること以外の除法（割り算）が可能と

なる．有限体は 1830 年頃にガロアが発見したものである．とくに，$\mathbb{F}_p$ はその元の個数が p なので p 元体と呼ばれる．

ここで，$\mathbb{F}_p[x]$ でも素元分解はできるし，素元はやはり無限個ある．ただし，今回は素元として高い次数の多項式も出てきて複雑である．また，この場合に「素元は無限個」というときの無限は $\mathbb{Z}$ の場合と同じく「可算無限」である．$\mathbb{F}_p[x]$ におけるフェルマー予想や ABC 予想も，難しくなく証明される．

このように，$\mathbb{Z}, \mathbb{C}[x], \mathbb{F}_p[x]$ は良く似ている．とりわけ $\mathbb{F}_p[x]$ は $\mathbb{C}[x]$ よりは $\mathbb{Z}$ との類似性が高いと言える．したがって $\mathbb{F}_p[x]$ は $\mathbb{Z}$ と $\mathbb{C}[x]$ の中間に置かれるべきものと言えよう．

多項式には

$$\mathbb{C}[x,y] = \left\{ \sum_{i,j \geqq 0} a_{ij} x^i y^j \;\middle|\; a_{ij} \in \mathbb{C} \right\}$$

という 2 変数版もある．さらに一般に

$$\mathbb{C}[x_1, \cdots, x_r] = \left\{ \sum_{i_1, \cdots, i_r \geqq 0} a_{i_1 \cdots i_r} x_1^{i_1} \cdots x_r^{i_r} \;\middle|\; a_{i_1 \cdots i_r} \in \mathbb{C} \right\}$$

という r 変数版もある．より一般的な書き方として係数環 R に対して

$$R[\alpha_1, \cdots, \alpha_r] = \left\{ \sum_{i_1, \cdots, i_r \geqq 0} a_{i_1 \cdots i_r} \alpha_1^{i_1} \cdots \alpha_r^{i_r} \;\middle|\; a_{i_1 \cdots i_r} \in R \right\}$$

も考えられる．1 元体 $\mathbb{F}_1$ 係数の場合は

$$\mathbb{F}_1[\alpha_1, \cdots, \alpha_r] = \left\{ \alpha_1^{i_1} \cdots \alpha_r^{i_r} \;\middle|\; i_1, \cdots, i_r \geqq 0 \right\}$$

を指している．絶対数学の基本思想は

$$\mathbb{Z} = \mathbb{F}_1[-1, 2, 3, 5, \cdots]$$

というものである．

まとめて，次ページの表にしておこう．

さて，整数と多項式の類似に慣れたところで，この主題をめぐって進展してきた数論の歴史について簡単に説明しておこう．数論の研究において整数と多項式の類似が注目されるようになったのは，それほど昔のことではなく，19 世紀後半（150 年前）になってからである．とくに，デデキント（彼はリーマンの後輩であるが，人見知り

	$\mathbb{Z}$	$\mathbb{F}_p[x]$	$\mathbb{C}[x]$
加法	可	可	可
減法	可	可	可
乗法	可	可	可
除法	一部可	一部可	一部可
素元	無限個(可算)	無限個(可算)	無限個(非可算)
素元分解	可	可	可
フェルマー予想	成立	成立	成立

の激しいリーマンを精神的に支えていた数学者でリーマン全集にリーマンの伝記を書いている)が中心となっていたと考えられる.

当時の見方では「代数体と代数関数体の類似」と言えるが,その実質は(代数的)整数と多項式の類似というものである.ここで,代数体 K とは有理数体

$$\mathbb{Q} = \left\{ \frac{a}{b} \;\middle|\; a, b \in \mathbb{Z},\ b \neq 0 \right\}$$

の有限次拡大体のことであり,代数的整数論の研究対象である.一方,代数関数体 L とは複素数体 $\mathbb{C}$ 上の有理関数体

$$\mathbb{C}(x) = \left\{ \frac{a(x)}{b(x)} \;\middle|\; a(x), b(x) \in \mathbb{C}[x],\ b(x) \neq 0 \right\}$$

の有限次拡大体である.L はあるリーマン面 M 上の関数全体(M の関数体)という捉え方ができる.リーマン面とはリーマンが複素関数論を研究するために導入した実 2 次元曲面(複素 1 次元曲線)のことである.

代数体 K と代数関数体 L との類似は,19 世紀後半から 20 世紀初頭にかけて,K の研究と L の研究を対比させて行なう際に重要な寄与をしている.その代表的なものを3つ挙げよう:

(1) 類体論の定式化(ヒルベルト)
(2) p 進数の発見(ヘンゼル)
(3) ゼータ関数論の構築(コルンブルム,セルバーグ)

- (1)では,まず,代数関数体のアーベル拡大(類体)の研究が先行(そこでは

リーマン面を用いた幾何的解釈もできる点が有利であった）し，それを参考にして代数体の類体論予想をヒルベルトが提出したのである．類体論予想は高木貞治により1920 年の数学史上の記念碑的論文（『東大紀要』にドイツ語で発表）において，完全に証明された．

- （2）でも，代数関数体の局所的関数表示（べき級数表示）を参考にして，p 進数（素数 p における局所べき級数表示）がヘンゼルにより発見されたのである．p 進数は，それ以降，数論の研究に必須の道具になっている．局所 ⟷ 大域という現代数論の大原則と言うべき基本的考え方も p 進数の発見が背景となって生まれてきた．
- （3）は（1）（2）とは少し様子が異なり，代数体のゼータ関数研究が先行した．それは有理数体のときにはリーマン・ゼータ関数に他ならなかった．その後，代数関数体のゼータ関数が発見されることになるのであるが，正確に言うと，この代数関数体類似とは

(3a) 有限体上の代数関数体のゼータ関数論（コルンブルム）

(3b) 複素数体上の代数関数体のゼータ関数論（セルバーグ）

に分かれている．(3a) は 1910 年代にゲッチンゲン大学の学生であったコルンブルム (1890–1914) が発見し，その後，アルチン，ハッセ，ヴェイユなどによって発展した「合同ゼータ関数」といわれる大きな族のことである．また，(3b) では，発見は困難を極め，正解が見つかったのは 1952 年のセルバーグ (1917–2007) の研究まで待たねばならなかった．それは，リーマン面のゼータ関数の研究でもあり「セルバーグ・ゼータ関数」いう，これまた大きな族となっている．

さらに，(3a) (3b) ともに，リーマン予想まで証明されるという驚くべき発展を遂げた．これに対し，リーマンが 1859 年に提出した本来のリーマン予想を含む「代数体のゼータ関数のリーマン予想」は現在まで証明されていない．ゼータ関数の発見までは代数体のゼータ関数が先行していたが，リーマン予想の証明途上で (3a) (3b) のゼータ関数に抜かれ，代数体のゼータ関数は未だにゴールしていないということである．

索引

数字・アルファベット

2 重ガンマ関数	113
3 重三角関数	15
$\mathbb{G}_m$	38
K ベッセル関数	87
p 進 L 関数	131
p 進距離	127
p 進整数環	127
p 進正則	128
p 進ゼータ関数	129
p 進絶対値	127
p 進体	127
p 進有理型	128
r 重ガンマ関数	55
r 重三角関数	55
τ 関数	100

あ

アーサー	78
アイゼンシュタイン級数	85, 120
アイヒラー	77, 151
跡公式	42, 46
アフィン空間	35
アフィンスキーム	34
アルティン	78
アルティン L 関数	77, 149
アルティン・ゼータ関数	149
アルティン予想	78
アンベール	67
一次分数変換	85
一般線形群	36
一般ベルヌイ数	129
岩澤関数	131
岩澤主予想	144
ヴァンテンベルジェ	78
ヴェイユ	77, 93
エタールコホモロジー	67
円分指標	137
オイラー	1, 7, 16
オイラー積	1, 10

か

カーレ	78
解析接続	19, 89
カスプ	119
ガロア表現のゼータ関数	67, 77, 80, 147
関数等式	2, 14, 22, 49~51, 89
完備群環	135
完備ゼータ関数	3
完備セルバーグ・ゼータ関数	113, 114
完備ハッセ・ゼータ関数	70
ガンマ因子	69, 113
ガンマ関数	23
擬同型	143
逆定理	93
行列式表示	46, 67
グラフ	40
グロタンディーク	29, 46, 67, 152, 156
クロツェル	78
クンマー合同式	128

ゲルファント–シロフの定理	61
合同ゼータ関数	29, 66, 147
合同部分群	125
コグデル	93
コッホ	28
コルンブルム	29

さ

佐藤–テイト予想	67, 77, 154
佐藤幹夫	152, 154
ザリスキ	57
サルナック予想	120
ジーゲル	67
自己同型のゼータ関数	39
次数	100
志村五郎	77
志村–谷山予想	83
射影空間	35
ジャクソン積分	51
ジャコブソン	57
主合同部分群	125
上半平面	84
ストーン	57
正規化	100
正規化群	110
正則カスプ形式	99
正則表現	79
正則保型形式	78, 84, 99
ゼータ正規化積	114
積分表示	14
絶対ゼータ関数	16, 48, 53, 147, 158
絶対保型形式	147, 158
セルバーグ	105, 125
セルバーグ跡公式	109
セルバーグ・ゼータ関数	107, 147, 157
セルバーグの1/4予想	123
双曲型	106

双曲距離	84
双曲平面	84
素数公式	25
素数分布	15
素な共役類	107

た

対称テンソル表現	155
対数積分	26
代数的保型表現	148
タイヒミュラー指標	130, 137
楕円型	106
楕円曲線	38, 150
高木貞治	67, 147, 148
谷山豊	77, 147
谷山予想	147, 152
多様体	106
超準実数体	64
超準体	63
テイト	154
ディリクレ	16
ディリクレ L 関数	80
ディリクレの素数定理	79
ϑ 関数	24
テータ級数	151
デデキント・ゼータ関数	34, 79
特殊値表示	2, 7, 11, 20
特性イデアル	144
ドリーニュ	39, 47, 101, 152
ドリンフェルト	156

な

ノルム	107

は

ハッセ	39, 67, 151

ハッセ・ゼータ関数	65, 66, 79
ハッセ予想	66～68
ピアテツキシャピロ	93
非可換類体論	67
非正則保型形式	78
フーリエ展開	86, 88
フェルマー予想	4, 5, 67, 77, 83, 152
複素上半平面	84
ブラウアー	78, 80
フロベニウス元	78
ヘッケ	93, 149
ヘッケ作用素	94, 100
ベッセル関数	87
ベルヌイ数	9, 21, 129
ポアソンの和公式	24
ポアンカレ双対性	46
放物型	107
保型 L 関数	88
保型形式	99, 151, 152
保型形式のゼータ関数	67, 88, 147
保型表現	148
保型表現のゼータ関数	67, 80, 147

ま

マース・カスプ形式	84, 85
マース波動形式	78, 85
密度定理	78
メイザー–ワイルスの定理	144
明示公式	26
メビウス関数	26
メビウス反転公式	32
メビウス変換	32
モニック	30

や

有限生成ねじれ A 加群	143
有向グラフ	40

有理性	71

ら

ラフォルグ	156
ラプラシアン	85
ラマヌジャン	100, 101
ラマヌジャンの τ 関数	100
ラマヌジャンの Δ 関数	84, 152
ラマヌジャン予想	101, 123, 151, 152
ランキン–セルバーグ法	88
ラングランズ	68, 149
ラングランズ・ガロア群	68
ラングランズ予想	5, 67, 77, 78, 80, 147
ランダウ	30
リーマン	1, 19
リーマンのゼータ関数	19
リーマン面	106
リーマン予想	4, 27, 47
離散スペクトル	120
量指標	149
類体論	67, 78, 79, 147, 148
例外固有値	123
連続スペクトル	120

わ

ワイルの法則	117

黒川信重（くろかわ・のぶしげ）

1952年栃木県生まれ．1975年東京工業大学理学部数学科卒業．1977年同大学大学院理工学研究科数学専攻修士課程修了．東京大学助教授などを経て，現在，東京工業大学名誉教授．理学博士．専門は数論，ゼータ関数論，絶対数学．

おもな著書に，『リーマン予想の150年』『現代三角関数論』『絶対ゼータ関数論』（岩波書店），『オイラー探検』（丸善出版），『リーマンと数論』（共立出版），『ゼータの冒険と進化』『ラマヌジャンζの衝撃』『リーマンの夢』（現代数学社），『リーマン予想の探求』『リーマン予想を解こう』（技術評論社），『リーマン予想の先へ』（東京図書），『ガロア理論と表現論』『ラマヌジャン《ゼータ関数論文集》』（共著）『絶対数学』（共著）（日本評論社）ほか多数．

小山信也（こやま・しんや）

1962年新潟県生まれ．1986年東京大学理学部数学科卒業．1988年東京工業大学大学院理工学研究科修士課程修了．慶應義塾大学助教授などを経て，現在，東洋大学理工学部教授．理学博士．専門は整数論，ゼータ関数論，数論的量子カオス．

おもな著訳書に，『素数とゼータ関数』（共立出版），『素数からゼータへ，そしてカオスへ』『ラマヌジャン《ゼータ関数論文集》』（共著）『リーマン予想のこれまでとこれから』（共著）『オイラー博士の素敵な数式』（訳）（日本評論社）『ABC予想入門』（共著）（PHP研究所）ほか多数．

日本評論社創業100年記念出版

ゼータへの招待

シリーズ ゼータの現在（げんざい）

発行日　2018年2月25日　第1版第1刷発行

著　者　黒川信重・小山信也
発行者　串崎 浩
発行所　株式会社 日本評論社
　　　　170-8474 東京都豊島区南大塚 3-12-4
　　　　電話　03-3987-8621［販売］　03-3987-8599［編集］
印　刷　三美印刷株式会社
製　本　株式会社難波製本
装　幀　妹尾浩也

〈(社)出版者著作権管理機構委託出版物〉
本書の無断複写は著作権法上での例外を除き禁じられています．複写される場合は，そのつど事前に，（社)出版者著作権管理機構（電話03-3513-6969，FAX03-3513-6979, e-mail: info@jcopy.or.jp）の許諾を得てください．また，本書を代行業者等の第三者に依頼してスキャニング等の行為によりデジタル化することは，個人の家庭内の利用であっても，一切認められておりません．

© Nobushige Kurokawa, Shin-ya Koyama 2018 Printed in Japan
ISBN978-4-535-60351-6